中国古建筑密码

北京篇

王欣◎著

北京出版集团
北京出版社

目录

让我们一起来看看这些古建筑吧！

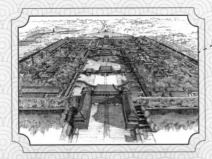

紫禁城
世界最大宫殿建筑群　　**1**

天坛
祭天敬神，祈祷丰收　　**17**

圆明园
万园之园，皇家乐园　　**31**

颐和园
世界最大寿礼　　**55**

雍和宫 73
王府改佛寺，是庙却叫宫

国子监 85
天子办学，千年兴衰

潭柘寺 97
先有潭柘寺，后有北京城

哇，原来北京有这么多恢宏的古建筑！

北京古塔 127
西域艺术，华夏融合

北京古桥 109
拱卫京师，见证历史

140—143 页可以打卡集章哦！

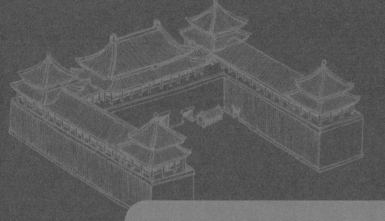

紫禁城 世界最大宫殿建筑群

1368 年	明太祖建都南京
1403 年	燕王朱棣起兵造反并攻入南京抢得皇位，年号永乐
1406 年	明成祖朱棣定都北京，建造新的皇城。1420 年紫禁城完工
1421 年	三大殿（奉天殿、华盖殿、谨身殿）毁于雷火，15 年后重建
1557 年	三大殿到午门全部付之一炬。重修后改名为：皇极殿、中极殿、建极殿
1644 年	三大殿再次改名为太和殿、中和殿、保和殿
1924 年	末代皇帝溥仪被赶出紫禁城
1925 年	故宫博物院成立
1987 年	联合国教科文组织把故宫列入《世界遗产名录》

思思：我每次去紫禁城都是晕头转向的，紫禁城太大啦！

筑博士：要读懂紫禁城，只需四个字——皇权至上。超大规模、压倒一切的中轴线、建筑形式和装饰，以及每座建筑的命名，都贯穿了皇权至高无上的原则。

思思：紫禁城这么雄伟壮阔啊！

内务府

慈宁花园

明朝定都南京，为什么皇城却在北京？

明太祖朱元璋建都南京。太子朱标不幸很早就病死了，朱元璋就把皇位传给了朱标的儿子朱允炆，史称建文帝。建文帝即位后削减各地藩王的权力，燕王朱棣（建文帝的叔叔）感觉受到威胁，起兵反抗，攻入南京，夺得皇位，年号永乐。因为很多前朝大臣质疑朱棣称帝的合法性，再加上旧皇宫在战火中严重毁坏，所以朱棣决定北上迁都，把他做燕王时的封地北平改为北京，1406 年开始建造新的皇城，1420 年皇城完工。

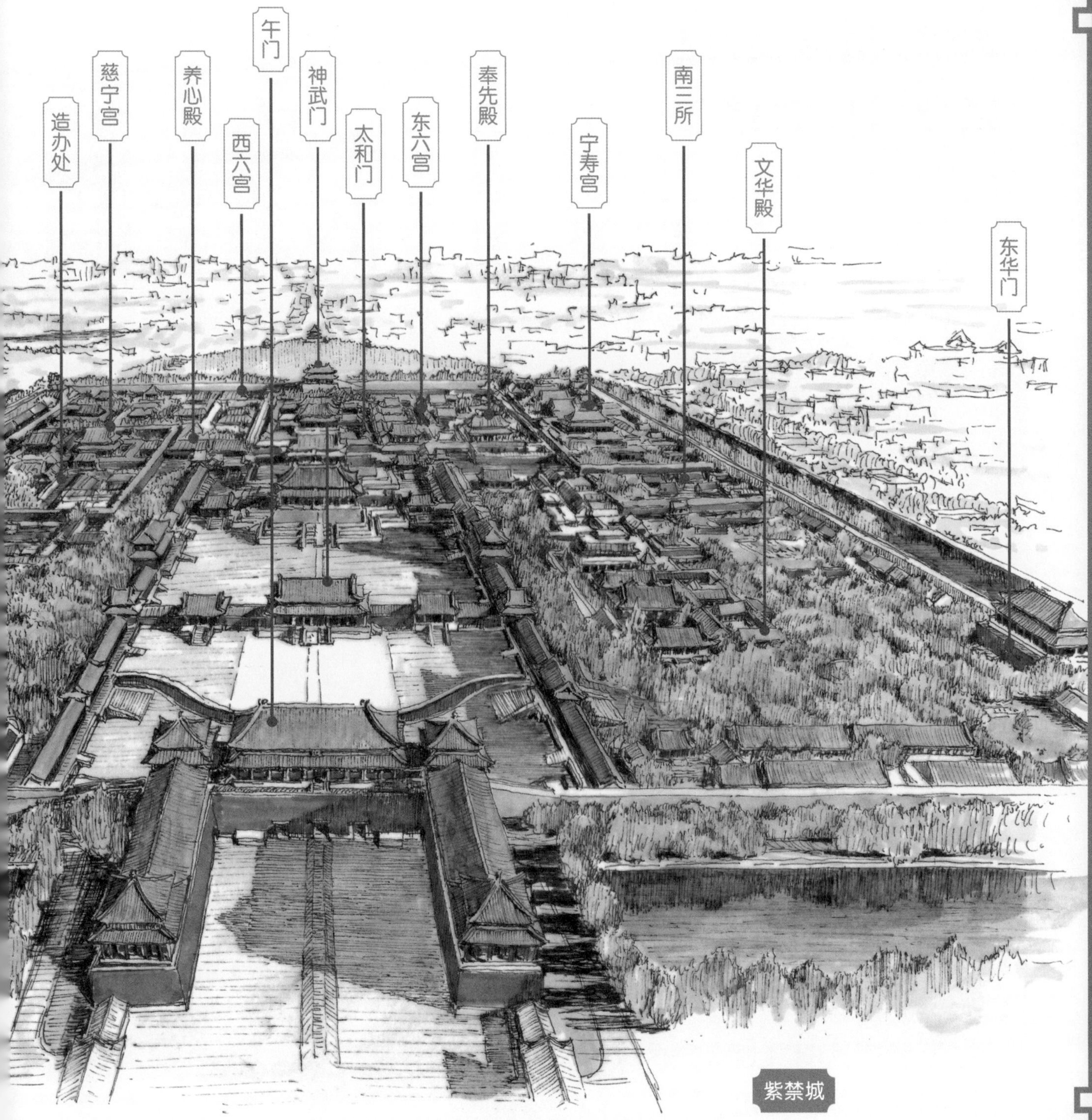

造办处
慈宁宫
养心殿
西六宫
午门
神武门
太和门
东六宫
奉先殿
宁寿宫
南三所
文华殿
东华门

紫禁城

天上紫微垣，地上紫禁城

依照中国古代的星象学说，紫微垣（即以北极星为中心的区域）是天帝居住之处，天人对应，皇宫因此被称为紫禁城。天帝宫阙有1万间房子，紫禁城要有9999间半（现存8707间）。紫禁城的布局中最重要的是一条左右对称的中轴线，从天安门、午门、太和殿、乾清宫一直向北，指向天上的紫微星，代表着普天之下的皇权。

紫禁城为什么规模空前？

明成祖朱棣是推翻建文帝而登上皇位的，民间认为他是弑君篡位。他需要用宫廷建筑的宏伟规模和超大尺度来营造不容置疑的合法性，表明他是真龙天子、天选之人，让亿万臣民认可和服从他的统治。紫禁城的建筑面积约15万平方米，超过了法国巴黎的凡尔赛宫（建筑面积约11万平方米），是名副其实的世界最大宫殿建筑群。

法国凡尔赛宫

紫禁城壮观的中轴线

凡尔赛宫建于 1689 年，建筑面积约 11 万平方米

五凤楼的由来

紫禁城午门的建筑形式受了唐朝皇宫大明宫主殿含元殿的影响。

午门的凹字形基座上有五座重檐楼阁，形似五只举翅的大鸟，因此午门还有一个好听的名字——五凤楼。这种凹字形平面形成强烈而压抑的围合感，无论是上朝的大臣、外来的使臣还是归降的将士都会慑于皇权的威严而服服帖帖。

唐朝大明宫含元殿

紫禁城午门

午门进出的规矩

午门可不是能随意出入的。午门从正面看有三个门洞，从背面看却有五个，因此，有"明三暗五"之说。中间的门为皇帝专用，另外皇后在大婚时也能从这个门洞进入一次。

还有三个人能从这个门洞出来一回，他们是殿试后产生的状元、榜眼和探花。皇后从午门走进，为皇族血脉的延续带来希望。而从午门走出去的三个人，则肩负皇帝重托，去实现帝国昌盛的理想。

《乾隆平定准部回部战图　平定回部献俘》

前朝后寝，左祖右社

紫禁城也称故宫，以南京皇宫为蓝本营建，是一座长方形城池，南北长 961 米，东西宽 753 米，四面围有高 10 米的城墙，城外有宽 52 米的护城河。布局上严格按《周礼·考工记》中 "前朝后市，左祖右社" 的原则建造。天安门到午门这条轴线以东是太庙，祭祀先朝皇帝，为 "左祖"。轴线以西为社稷坛，中央有五色土，象征普天之下莫非王土，为 "右社"。

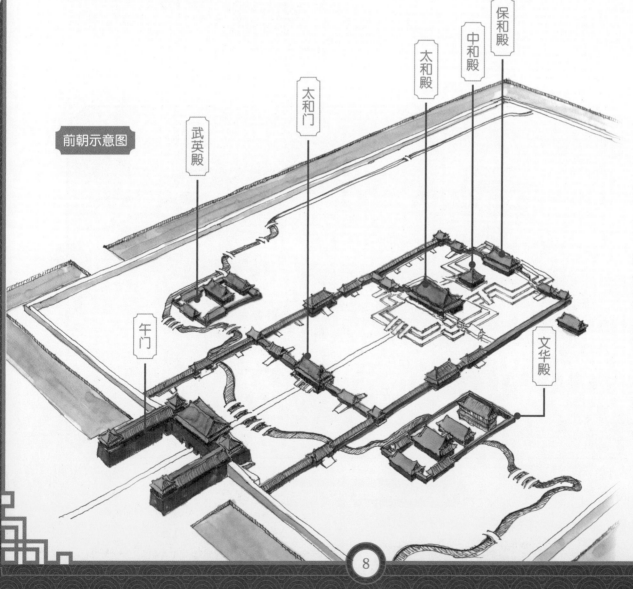

前朝示意图

武英殿

太和门

太和殿

中和殿

保和殿

午门

文华殿

三大殿

前朝：国家典礼

进入午门后，以太和殿、中和殿、保和殿组成的三大殿构成了"前朝"。太和殿用来举办皇帝登基和大婚、将帅出征仪式，也叫"金銮殿"。中和殿用于典礼之前的准备和休息。保和殿用于国宴和科举殿试。

三大殿命名

紫禁城落成时的三大殿叫奉天殿、华盖殿、谨身殿，是照搬南京紫禁城的前朝三大殿名字。其中"奉天"指的是皇帝奉天之命来统治天下万民，所以明朝以后的圣旨一开头都是"奉天承运皇帝诏曰"。后来三大殿毁于大火，嘉靖帝很快下令重修并改名为皇极殿、中极殿、建极殿。"皇极"意为皇建无极、永远统治天下之意。

清朝统治者希望民族融合，以和为贵。对三大殿的改名重点突出了"和"字，分别改为太和殿、中和殿、保和殿，其中"太和"寓意万年和顺，国泰民安。

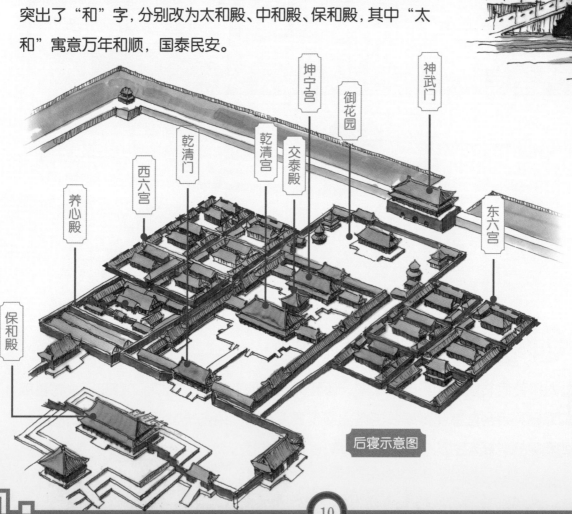

坤宁宫
御花园
神武门
乾清门
乾清宫
交泰殿
西六宫
养心殿
东六宫
保和殿

后寝示意图

太和殿

后寝：皇室起居

从乾清门向北就是帝妃的生活区。养心殿用于皇帝日常办公，乾清门西侧是南书房，为皇帝读书处，东侧有上书房，是皇子们接受读书教育的地方。慈宁宫是太后或皇后的起居和会客之所；乾清宫是皇室重要节日聚会之所；坤宁宫用于皇室宗教祭祀聚会，是明朝皇后的居处，也是帝后大婚的处所；御花园是皇室游玩之处。

思思：紫禁城从明朝建成，到今天已经有600余年了，这期间应该有很多很大的变化吧！

筑博士：最大的变化就是很多大殿都重新修建过，主要是因为这些木构建筑在火灾和地震中损坏了。

思思：原来木构建筑最怕火呀！

紫禁城最怕火灾

作为世界最大的木构建筑群，紫禁城在明、清两朝共发生了4次重大火灾。1421年紫禁城正式竣工还未满一年，三大殿就毁于雷火，15年后才重建，朱棣到死也没有再次入住这宏伟的三大殿。

1557年紫禁城遭遇大火，从三大殿到午门全部付之一炬。经重修后，1889年一场大火又烧毁了太和门，正巧42天后光绪皇帝大婚，典礼必须经过太和门，于是只能召集北京的裱糊匠们紧急用纸扎了一个假的太和门，勉强举行了结婚大典。

木构建筑群最怕火灾

这似乎象征着此时的封建王朝已经是纸糊的老虎，徒有其表，一戳就破。

铜缸底部可以在冬天生火，避免水结冰

如何防火？

紫禁城内修建了金水河，火灾时可以取水。各大殿院子里都安放了蓄水的大铁缸或铜缸，目前还有100多个。建筑的屋顶设置了琉璃螭吻（又叫鸱尾），传说螭吻是龙的第九个儿子，喜欢吞火，放置在屋顶正脊两侧能够镇住火灾。但这实际上也没有起到作用，直到清朝时给三大殿的螭吻安装了铁链子（防止被大风吹倒），无形中起到了避雷针的效果，之后三大殿才没有发生严重火灾。

大殿屋顶上的琉璃螭吻

九龙壁

无处不在的龙

太和殿有 6 根蟠龙金柱和一座九龙屏风，屋顶盘龙藻井，有人计算过殿内的行龙、围龙、盘龙形装饰有 13844 条。建筑梁枋装饰着龙主题的和玺彩画，屋顶螭吻是龙的第九子，屋檐的瓦当也装饰有龙，汉白玉须弥座的滴水神兽也是龙。皇极殿广场的九龙壁建于 1772 年，正面由 270 块彩色琉璃组成，中间的黄龙代表皇帝本人，其他则代表八旗子弟。

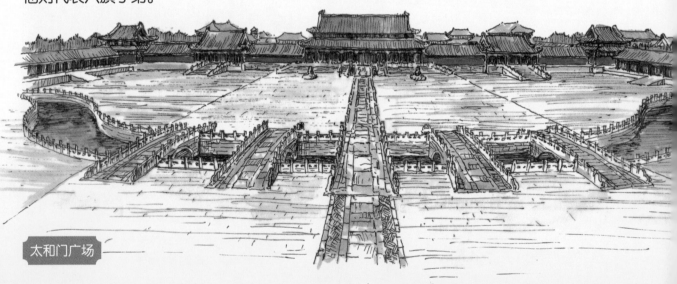

太和门广场

和玺彩画

云龙阶石

思思：紫禁城里面的龙可真多啊！

筑博士：从秦始皇开始的历代君主都称自己是"真龙天子"，比如皇帝的脸叫龙颜，身体叫龙体，皇帝穿龙袍、坐龙椅，紫禁城里面当然要用龙来装饰。

思思：为什么要这么做呢？

筑博士：整个紫禁城巨大的规模、中轴对称的布局还有装饰，包括龙的使用、屋顶材料等，都是为了达到一个目的——彰显皇权的绝对不可侵犯，想让到这里的每个人都服从皇权的统治。

天坛 祭天敬神，祈祷丰收

约 5000 年前	红山文化时期的圆形土堆，是中国发现的最早的祭坛
约 5000 年前	黄帝在木结构祭坛上进行祭天仪式
公元前 1046 — 前 256 年	周朝建明堂，意思是"高大敞亮的厅堂"。明堂上面的大厅用于祭天
600 多年前	唐朝在洛阳建巨大的明堂建筑
1420 年	明朝在北京城南圜丘上建立大祀殿祈谷祭天
1545 年	大祀殿废弃，在原址上建成大享殿
1751 年	大享殿改名为祈年殿
1998 年	天坛被联合国教科文组织列入《世界遗产名录》

筑博士：举行婚礼的时候，新人最先应该拜什么？

思思：我知道，拜天地！

筑博士：对啦！先拜天地，再拜父母，然后才是夫妻对拜，这说明古人最重视天地了。祭天地一直是古代社会最重要的活动之一，而天坛是目前世界上最大的祭天建筑群。

思思：那古人为什么要祭天呢？是不是干旱的时候求老天爷下雨啊？

筑博士：是的，祭天主要是祈求风调雨顺、五谷丰登。

天坛来自祭天传统

古人缺乏科学知识，在发生自然灾害（比如干旱、洪水、地震、台风）的时候非常恐惧，认为是天上的神灵在惩罚人类，带来厄运。所以他们经常举行祭天仪式，还要献上供品，希望获得神灵的护佑，保佑风调雨顺，粮食丰收。各时代都建造了雄伟的祭坛用于祭天活动，从远古的圆形土堆一直到后来的天坛。

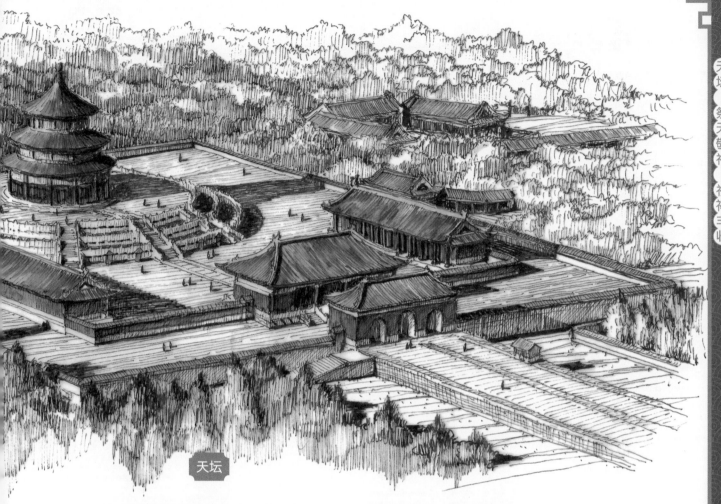

天坛

远古祭坛

远古祭坛遗迹

这是在我国辽宁省发现的约 5000 年前红山文化时期的祭坛，是用石块围合成的圆形土堆，存有祭祀活动的遗迹，是中国发现的最早的祭坛。

思思:黄帝时代很古老了吧?

筑博士:是的,黄帝时代距今约 5000 年了,我们只能根据传说来猜想当时的祭天活动是什么样的。

思思:有没有通过考古发现真正的祭坛呢?

筑博士:有啊!从两三千年前的周朝开始,史书上就有建造祭天场所的记录,考古学家也发现了各朝代祭坛的遗址。

黄帝祭天台

黄帝祭天台

根据古籍记载,大约 5000 年前中华民族的祖先黄帝就在木结构的祭坛上进行祭天仪式了。祭坛是用原木搭建的高台,还有茅草屋顶,一侧有木制楼梯。氏族首领(黄帝)在高台之上祭天,表示离天神更近,献上各种祭品,向天神祈求好运。

明堂象征"天圆地方"

从周朝开始，祭天的场所叫作明堂，意思是"高大敞亮的厅堂"。明堂上面的大厅是祭天的地方，下面的地方用来纪念祖先。

明堂上面是圆的，下面是方的。因为古代中国人相信"天圆地方"，认为天是圆形的，而大地是平的，从中心（都城）向四周延伸如同正方形，所以举行祭天仪式的明堂建筑从平面看都是圆形，下面的配房和台阶从平面看是方形，象征天在上，地在下。

圆形的重檐茅草屋顶，
内部是祭天的明堂

明堂

下层方形建筑是祭祀祖先和
议事的地方，周围有围墙和
廊庑环绕

思思：这座圆形的大殿就是古代祭天的地方吧？

筑博士：对，这是天坛的祈年殿，有38米高，是世界上最高的祭天建筑。

思思：祈年殿？为什么不叫祈天殿呢？

筑博士：这是个好问题！

祈年殿

祈年殿的用途

天坛里面有两个最重要的祭坛——祈年殿和圜丘。祈年殿是用来祈求风调雨顺、五谷丰登，也就是用来祈谷的。"年"在古代是粮食丰收的意思，因此祈谷坛被称作祈年殿，过去皇帝在每年农历正月上旬的第一个"辛日"来此祈谷，祈祷老天保佑粮食丰收。

祈年殿的建筑特色

圆形的屋顶和大殿象征"天圆"，方形的庭院和配殿代表"地方"。蓝瓦代表蓝天，配上镏金宝顶和牌匾，代表"天蓝地黄"。

古人认为九是极数，是天数。三三见九，所以建筑中用到三就是最高等级。本来宫殿建筑屋顶双层就是最高级，比如故宫的太和殿是两重檐庑殿顶，但是天坛是建造给天神的，所以再多加一层，变为三层，这是中国古建筑唯一的三重檐屋顶。下面 6 米高的汉白玉圆台也是三层，最上一层就是圆形的祈谷坛，有祭祀时使用的柴炉和香炉等。

"年"的字源演变

汉字"年"的来历

中国最早的文字是甲骨文，甲骨文的"年"字，是一个人背着成熟的稻谷。在古代农业社会，丰收可以保障人们的生存和繁衍。从左图中可以看到汉字经过 3000 多年的发展和演变，逐渐从背着稻谷的象形文字演变成标准笔画组成的方块字。

思思：哇，祈年殿里这 4 根金色的柱子，上面都是龙的图案吧？

筑博士：对。你想想为什么龙柱是 4 根而不是 6 根或 8 根？

思思：这里是向老天祈求好天气、好收成，那"4"这个数字。会不会是"春夏秋冬"四季的意思啊？

筑博士：恭喜你，答对啦！看来你有当建筑师的潜力啊！

祈年殿的建筑象征

祈年殿内部的柱子分为三圈。最内圈是 4 根镏金龙纹柱，一直延伸到最高处的藻井，代表春、夏、秋、冬，祈求一年四季风调雨顺。

龙柱外面一圈 12 根柱子代表 12 个月，最外圈还有 12 根柱子代表每天的 12 个时辰。古代把一天分为 12 个时辰，每个时辰相当于今天的两小时，并用子、丑、寅、卯、辰、巳、午、未、申、酉、戌、亥来表示（其实十二生肖也和这 12 个字相对应）。比如子时就是 23 点到 1 点，所以半夜也叫子夜。两圈合计 24 根红色柱子，象征农历的二十四节气。这 24 根柱子加上 4 根龙柱就是 28 根柱子，代表天上的 28 个星宿。

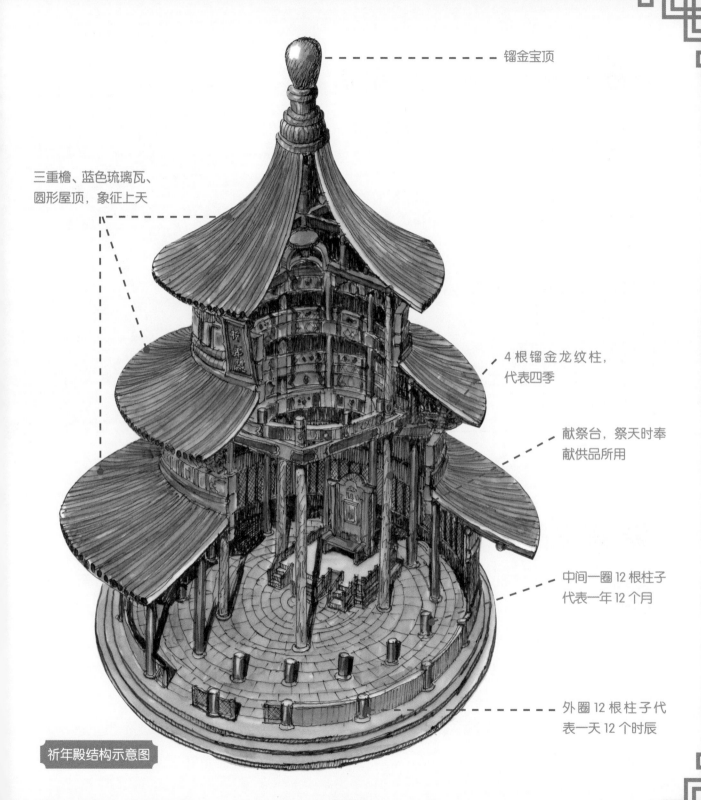

镏金宝顶

三重檐、蓝色琉璃瓦、
圆形屋顶，象征上天

4 根镏金龙纹柱，
代表四季

献祭台，祭天时奉
献供品所用

中间一圈 12 根柱子
代表一年 12 个月

外圈 12 根柱子代
表一天 12 个时辰

祈年殿结构示意图

思思：你刚才说祈年殿是祈谷的地方，那么在哪里祭天呢？

筑博士：回音壁南边的圆丘就是祭天的地方，这里也有三层汉白玉台阶，你知道象征什么了吧？

思思：我想这和祈年殿一样，"三"代表着最高的建筑等级。

筑博士：对，三三见九。古人认为九是极数，也就是最大的数。圆丘处处可以看到九的影子。

圆丘的数字密码

圆丘顶上的平台中心有块圆形的石头，叫天心石，这是古代皇帝祭天时和上天交流的地方。在天心石外面有一圈一圈的环形石板，第一圈 9 块石板，第二圈 18 块，第三圈 27 块，以此类推都是 9 的倍数。下层台阶的第一圈 171 块石板，最外圈 243 块，也都是这个规律，对应着九重天，强调"天"是至高无上的。

圆丘的三层汉白玉栏杆的栏板数字也是和 9 对应的。第一层 180 块栏板，第二层 108 块，第三层 72 块，三层栏板加在一起是 360 块，既是 9 的倍数，也是古代历法中一"周天"的数。

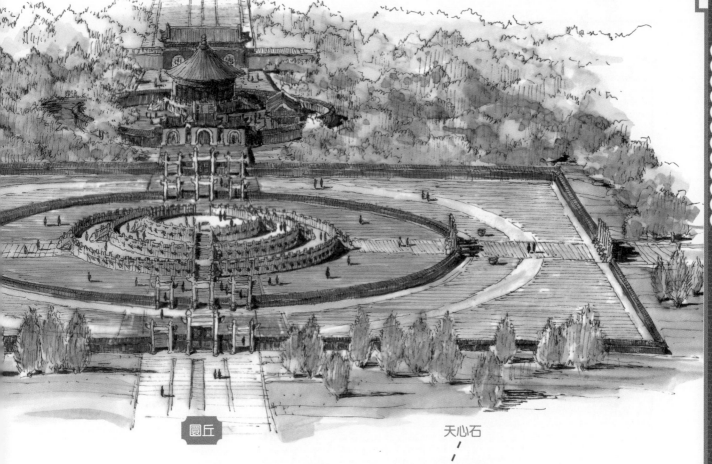

圜丘

天心石

天心石及外围的环形石板

思思：天坛的建筑密码可真神奇！看来建筑师一定要是个数学家，要不然可搞不清那么多的数字组合。

筑博士：建筑包含的知识非常广，用今天的话来说就是"跨界"，历史、地理、艺术、数学、工程都融合在建筑过程中。

思思：我真的没想到，回去要多做功课！

筑博士：最后问你一个问题，为什么天坛的位置在北京城的正南方？

思思：因为南方代表了天的方位？

筑博士：恭喜你，答对了！

伏羲先天八卦图

天坛方位的讲究

古人认为大地中的方位有不同的含义。根据古书《周易》的八卦学说，天地日月是正四卦，也就是八卦中最重要的四个。正南是乾卦，代表天；正北是坤卦，代表地；正东是离卦，代表日；正西是坎卦，代表月。所以北京的天坛、地坛、日坛、月坛就是按照这个方位，分别坐落在北京城的南、北、东、西四个位置。

天坛作为祭天的场所，理所当然地坐落在皇城的正南，天坛的西门紧邻着北京的中轴线。

天坛是世界上最大的祭天建筑群，祈年殿用于祈谷，圜丘用于祭天。

祈年殿是唯一现存的中国传统祭天建筑"明堂"，三重檐圆形屋顶、天蓝色琉璃瓦是专用建筑形式。

祈年殿内部的柱子数目、三层屋顶和台阶都包含着对风调雨顺、五谷丰登的祈盼。

圜丘的地面石板、栏板数量都是 9 的倍数，象征天的至高无上。

天坛位于北京皇城的正南，是八卦中的"天乾位"。

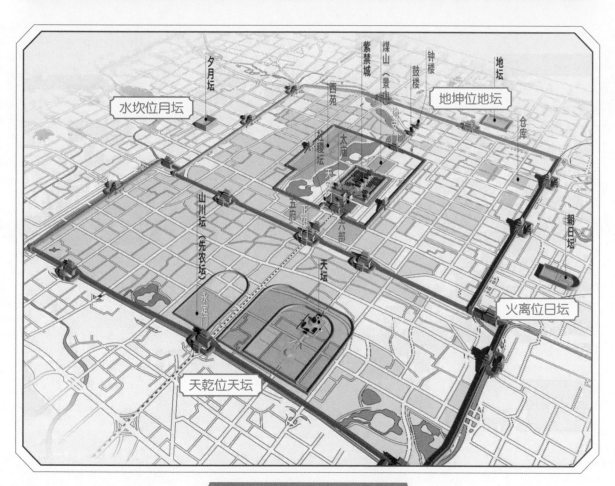

天坛、地坛、日坛和月坛的方位图

圆明园

万园之园，皇家乐园

1709 年　康熙皇帝赐园给皇四子胤禛

1722 年　雍正皇帝即位，开始居住在此，并进行大规模建设

1744 年　乾隆皇帝题诗命画"圆明园四十景"

1745 年　开始建设长春园

1769 年　绮春园被收归圆明园

1860 年　圆明园被英法联军劫掠烧毁。仅有紫碧山房、蓬岛瑶台、廓然大公、海岳开襟、正觉寺等处幸存

1900 年　残存部分被八国联军烧毁

1988 年　圆明园遗址公园开放

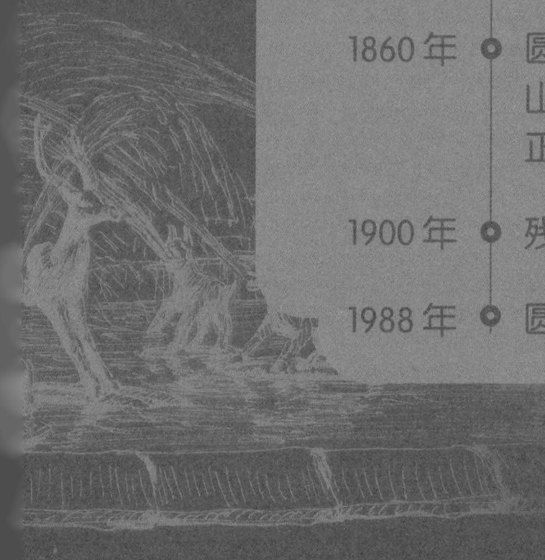

思思：我听说圆明园叫"万园之园"，应该是把天下最好的园林和建筑集中在了一起吧？

筑博士：是的，圆明园不但是中国园林建筑的高峰，还引进了欧洲园林建筑，是当之无愧的"万园之园"。

思思：真可惜都被烧掉了！今天只能看到树木和湖水。

筑博士：非常遗憾！但建筑专家经过研究，已经把原来的建筑面貌用电脑技术再现，让我们重见当年壮观和华丽的圆明园！

海岳开襟

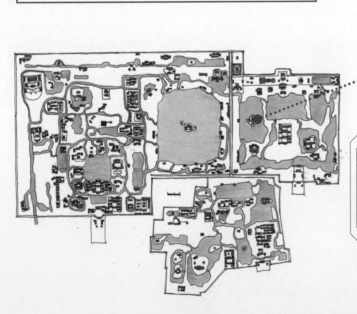

1882 年的海岳开襟

中国古建筑密码 ● 北京篇

海岳开襟

海岳开襟是位于长春园西北湖水之中的圆形小岛，主建筑是三层高的方形楼阁，周围有圆形回廊和四个牌楼，营造出独特的海上仙境。乾隆皇帝经常在此登高望远，欣赏圆明园和西山美丽的景色。海岳开襟在1860年英法联军焚烧时幸免于难，但在1900年被八国联军烧毁。

1920年的海岳开襟

思思：圆明园怎么那么大呀！感觉一整天都不可能把所有地方走完。

筑博士：今天的圆明园遗址公园其实包括了三个独立的皇家御园，就是圆明园、长春园和绮春园。

思思：难怪啊！原来是三个园林组成的啊！

筑博士：你看地图中的中部和西部是圆明园。雍正皇帝还没登基之前，他的父亲康熙皇帝把这里赐给他做私人住宅和园林。雍正皇帝登基之后就大兴土木，扩建了圆明园，在这里办公、游玩。

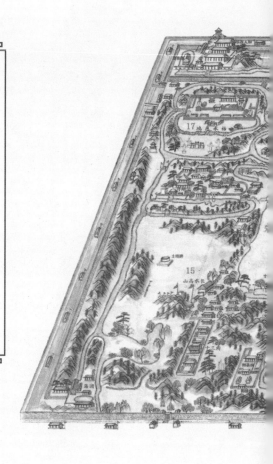

圆明三园之圆明园

北京西北郊自然山水条件优越，背面靠山，水源丰富。从元、明两朝开始，这里建造了很多皇家、私家园林式住宅和寺院。清朝从康熙皇帝开始，大规模造园。康熙皇帝把圆明园赏赐给皇四子胤禛（后来的雍正皇帝）做宅园，并亲自赐名圆明园，"圆"指品德圆满无缺，做事尽善尽美；"明"指做事光明磊落，思考明智。1722 年雍正皇帝即位，每年春天就到此居住，处理政务，并开始大兴土木，到 1744 年共建成四十处景区，此时已是乾隆皇帝在位，乾隆皇帝命画师绘制《圆明园四十景图》并亲自题诗。圆明园也因此从一座私家园林变成了真正的帝王御园。

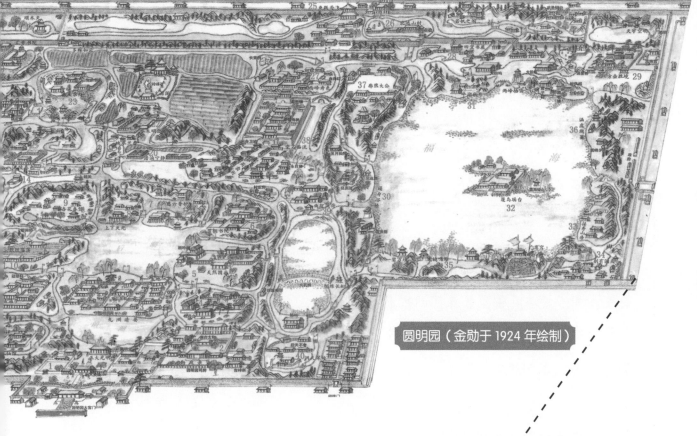

圆明园（金勋于 1924 年绘制）

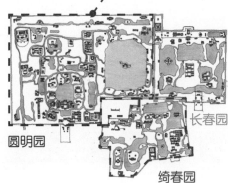

长春园

圆明园

绮春园

圆明园四十景名录

① 正大光明　⑪ 茹古涵今　㉑ 映水兰香　㉛ 平湖秋月
② 勤政亲贤　⑫ 长春仙馆　㉒ 水木明瑟　㉜ 蓬岛瑶台
③ 九洲清曼　⑬ 万方安和　㉓ 濂溪乐处　㉝ 接秀山房
④ 镂月开云　⑭ 武陵春色　㉔ 多稼如云　㉞ 别有洞天
⑤ 天然图画　⑮ 山高水长　㉕ 鱼跃鸢飞　㉟ 夹镜鸣琴
⑥ 碧桐书院　⑯ 月地云居　㉖ 北远山村　㊱ 涵虚朗鉴
⑦ 慈云普护　⑰ 鸿慈永祜　㉗ 西峰秀色　㊲ 廓然大公
⑧ 上下天光　⑱ 汇芳书院　㉘ 四宜书屋　㊳ 坐石临流
⑨ 杏花春馆　⑲ 日天琳宇　㉙ 方壶胜境　㊴ 曲院风荷
⑩ 坦坦荡荡　⑳ 澹泊宁静　㉚ 澡身浴德　㊵ 洞天深处

思思：那另外两座园林呢？

筑博士：东边的长春园是乾隆皇帝给自己建造的养老的地方，他84岁时让位给儿子嘉庆皇帝。

思思：那乾隆皇帝就真的养老不问政事了吗？

筑博士：其实乾隆皇帝没有真正退休，长春园也有处理政务的澹怀堂，寝宫区的含经堂用于烧香礼佛。长春园的东北角还有模仿苏州园林狮子林的同名假山石。

思思：那绮春园呢？

筑博士：南边的绮春园原来是个私家园林，乾隆三十四年被收归圆明园。

圆明三园之长春园

乾隆皇帝在中年时就开始考虑养老之处，在圆明园东侧建设长春园。长春园的布局体现了中国古代都城"天子中而处"的思想：南侧宫门是理政区澹怀堂，寝宫区的含经堂和淳化轩位于长春园中心位置，四周有若干小园林和寺院。

圆明三园之绮春园

绮春园是由清朝大学士傅恒的私家园林改建，布局自由，没有大型建筑。后来在绮春园南部建造了正觉寺，在嘉庆皇帝早期形成绮春园三十景，后又陆续建造了勤政殿、澄心堂、凤麟洲、畅和堂等园景。

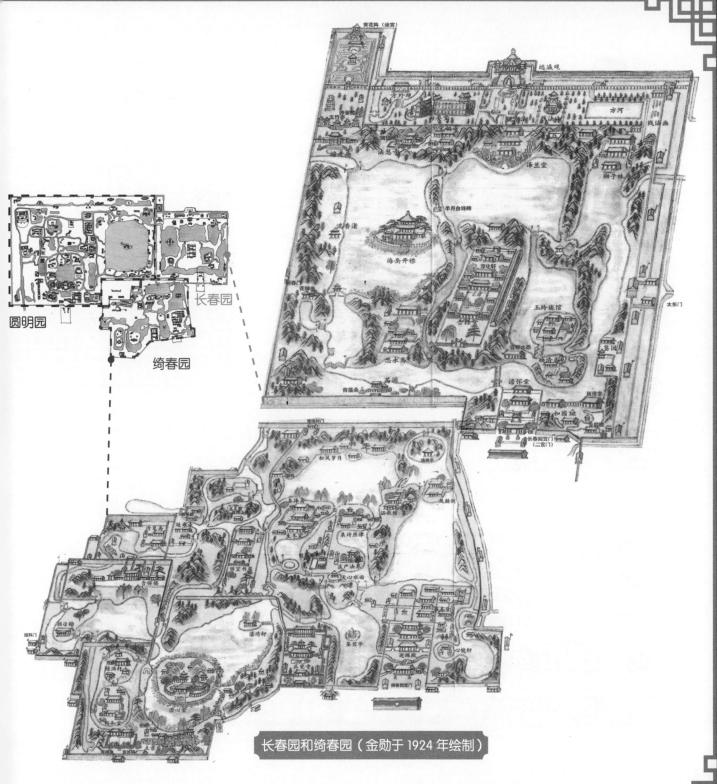

长春园和绮春园（金勋于 1924 年绘制）

思思：我知道了，圆明园是皇帝休闲娱乐的地方！

筑博士：不完全是。从雍正皇帝开始，这里就成了"离宫"，就是环境舒适的第二皇宫，皇帝在这里居住、办公、接见宾客、举办活动和庆典。

思思：皇帝可真奢侈啊！独占巨大的紫禁城，还拥有这么大的园林别墅，在这里干各种各样的事情！

筑博士：皇帝在圆明园最重要的工作就是发号施令，统治国家，也叫"临朝理政"。

临朝理政

圆明园内最早的政务区是圆明园南侧的正大光明和勤政亲贤。雍正皇帝和乾隆皇帝先后在此办公、接待大臣和来访客人。下图就是 18 世纪末英国使臣马戛尔尼拜见乾隆时，随行画师描绘的正大光明。

正大光明

正大光明相当于紫禁城的前三殿，有国家级办事机构，前面有类似金水河的河道和三座石桥。正大光明为皇帝办公处，后面有假山。这里曾用来举办皇帝寿宴、正月十六的廷臣宴会、官员考试、接见外宾等活动，马戛尔尼夸赞道，"更无第二处与圆明园之宝殿比也"。

勤政亲贤是皇帝批阅奏章、接见臣工处，类似紫禁城的养心殿。

长春园澹怀堂是乾隆皇帝做太上皇之后接见宾客的处所。

绮春园宫门内的一组建筑也是处理政务之用。

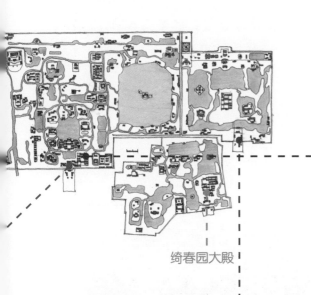

绮春园大殿

《圆明园四十景》之勤政亲贤

澹怀堂遗迹

思思：那清朝皇帝到底是住在紫禁城还是圆明园呢？

筑博士：有人查了资料，发现雍正、乾隆、嘉庆、道光、咸丰几位皇帝更愿意在圆明园长期居住。

思思：皇帝每年来圆明园住多久呢？

筑博士：皇帝在紫禁城度过了寒冷的冬天之后，就会来到圆明园。比如有一年，乾隆皇帝在圆明园共居住 168 天；咸丰皇帝平均每年驻园 200 天左右，最长的一年住了 300 多天。

思思：冬天还是在皇宫里舒服，暖和！

筑博士：是的，但皇帝在圆明园的居住时间很长，雍正、道光两位皇帝甚至都是在圆明园驾崩的。

《圆明园四十景》之九洲清晏

帝后寝宫

圆明园九洲清晏和长春园含经堂都分别坐落在一个大岛上，是皇后、嫔妃居住的地方，经常举办家宴。绮春园宫门内前朝大殿之后的颐寿轩、敷春堂也是帝后寝宫区。

其他还有长春仙馆为皇太后寝宫，天然图画为雍正皇帝登基前居所，又称竹子院。

含经堂

长春仙馆遗址

思思：皇帝除了在圆明园办公、居住，还做什么呢？

筑博士：清朝皇帝很重视祭祀祖先，所以圆明园里有中国皇家园林里唯一的家庙，用来供奉以前的皇帝和祖先。

思思：家庙就是祠堂吧？我在南方的一些地方看到过。

筑博士：没错！这是中国文化的传统，感恩怀念祖先。另外，皇帝在圆明园建造了很多寺院，希望佛祖保佑皇权统治。

思思：那皇帝经常去烧香祈福吧？

筑博士：是的。比如根据记载，乾隆二十一年，皇帝在圆明园居住了168天，其中35天都去园内的寺庙烧香拜佛了。

祭祀祖先

圆明园西北角的鸿慈永祜（又称安佑宫），是中国皇家园林中唯一的家庙，类似天安门东侧的太庙。清朝皇帝在这里祈求祖先之灵护佑大清江山，也宣传以孝治天下的传统。鸿慈永祜的建筑布局规整对称，牌楼、华表、大殿形成了庄严肃穆的庙宇空间。

散落在北京大学校园中的安佑宫华表

烧香礼佛

宗教仪式是清朝帝王精神生活的重要活动，圆明三园中寺庙众多：圆明园有慈云普护、日天琳宇（早期称为佛楼，仿自雍和宫佛楼。供奉关羽、玉帝、龙王、太岁、各类佛像等，是名副其实的多功能佛楼）、月地云居、舍卫城、广育宫（供有雍和宫移来的娃娃山大型木雕，宫中女眷在此祈福祝愿皇族多子多孙）等；长春园有法慧寺、宝相寺；绮春园有正觉寺（因地处偏僻，1860年圆明园被毁时得以幸免）。

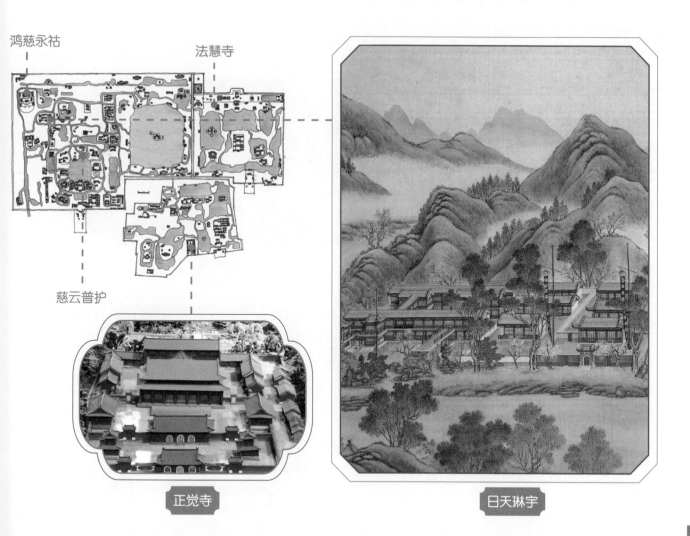

鸿慈永祜

法慧寺

慈云普护

正觉寺

日天琳宇

思思：我看到北京古建筑有很多清朝皇帝的题字和题诗，他们是满族人，但汉字写得很好啊！

筑博士：清朝早期的皇帝很喜欢汉文化，在成年之前念书很用功。而且他们还很重视农业，所以圆明园里读书和体验农耕的地方很多。

观稼验农

杏花春馆

清朝以农立国，经济发展以庄稼种植和收获为核心，历代皇帝都很重视气候农时与播种收获。圆明园里有大量体验农桑的场所，开辟农田，播种蔬菜、麦子等。乾隆皇帝写道："湖山岂不美，最喜是田家。"

体验农桑的场所有杏花春馆（早期称菜圃）、北远山村、澹泊宁静（也称田字房）、映水兰香、水木明瑟、紫碧山房（全园最高点，可观察附近百里农田）等。

杏花春馆残迹

读书育人

圆明园里书院众多，有的是皇帝读书之处或藏书楼，有的是皇子们接受教育的场所。洞天深处就是皇子读书居住的地方，有孔子神龛，教导后辈学习领悟儒家思想。乾隆题诗说："愿为君子儒，不作逍遥游。"还说："治天下者，以德不以力。故德胜者王，德衰者灭。"圆明园还有汇芳书院、碧桐书院、武陵春色、四宜书屋，长春园有淳化轩，藏有珍贵的书法碑帖。

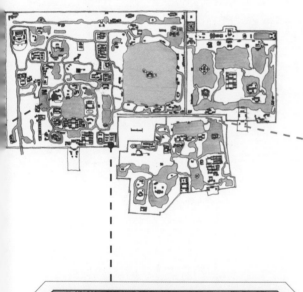

洞天深处

碧桐书院

方壶胜境

方壶胜境是圆明园最大的建筑群之一。《列子·汤问》中说在东海之东万里之外，有座山叫作方壶，是神仙居住的地方。根据史书记载，方壶胜境的楼阁都装饰着金色和绿色的琉璃瓦，还有大量汉白玉栏杆和平台，是真正的琼楼玉宇、金银宫阙。

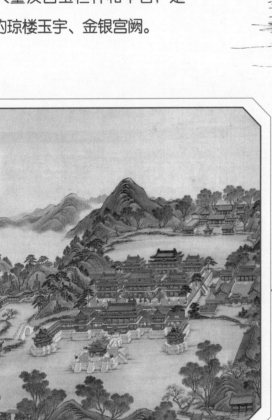

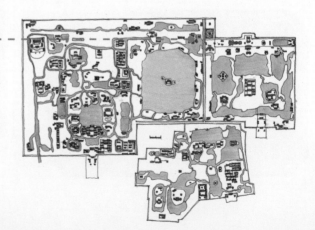

方壶胜境

方壶胜境

方壶胜境残迹

筑博士：思思你每次去圆明园，最喜欢到哪里玩儿？

思思：我最喜欢去一个叫"黄花阵"的迷宫，玩儿起来就不想走！

筑博士：黄花阵迷宫属于西洋楼景区，在圆明园的东北角，只占很小的地方，是清朝皇帝为了游乐而建造的欧洲风格的建筑和园林，可以说西洋楼是清朝的游乐园！

思思：但是圆明园被烧毁了，真可惜！

筑博士：是啊，你去玩儿的黄花阵迷宫其实也是后来重建的。

西洋楼的由来

据说，法国国王路易十五送给乾隆皇帝一本《凡尔赛的亭台宫殿及喷泉平面和立体图例》，乾隆皇帝为了表达天朝大国无奇不有的雄威，委托居住在北京的意大利传教士郎世宁等人采用欧洲建筑风格，设计建造以喷泉为主题的西洋楼景区。

20 世纪 80 年代重修复原的黄花阵迷宫，是圆明园里唯一再现当年盛况的景点

西洋楼的美丽让世人惊叹

西洋楼景观的壮丽即使在 1860 年被英法联军焚烧之后依然让人惊叹不已。1877 年，来自欧洲的摄影师恩斯特·奥尔末写道："这里的装潢……五彩缤纷，如彩虹般绚烂……丰富而动人的色彩浸润在北京湛蓝色的天空里。随着观者移动的脚步和太阳的光影不停变幻，白色大理石建筑格外醒目，倒映在湖面上，如同幻影……令人感觉自己来到了'一千零一夜'的世界里。"

西洋楼遗址 远瀛观 大水法 海晏堂 方外观

西洋楼景区由谐奇趣、黄花阵、养雀笼、竹亭、方外观、海晏堂、远瀛观、大水法、线法山、方河、线法墙等组成

西洋楼铜版画，能让我们领略当年的壮观和华丽

筑博士：思思你看，这是西洋楼景区最大的建筑海晏堂。里面收藏了欧洲皇帝送给中国的礼物，包括钟表、玛瑙餐具、玻璃灯具等当时很新奇的物件。

思思：这真是个藏宝楼啊！

筑博士：海晏堂的喷泉靠东边的蓄水楼提供水源，安装了当时很先进的活塞水泵把水输送到高处，才能形成壮观的喷泉水景。

海晏堂

海晏堂采用了欧式建筑风格，用石材建成，但屋顶使用了中国建筑形式和彩色的琉璃装饰。西边大门前有菱形水池，水池正面有一个巨大的贝壳形流水池。贝壳两边各有6个铜铸人身兽面喷水雕像，每个时辰依次向池中喷水，你看到哪个兽头出水，就知道准确的时间了。从左到右分别是：亥猪、酉鸡、未羊、巳蛇、卯兔、丑牛、子鼠、寅虎、辰龙、午马、申猴、戌狗。

海晏堂遗迹

海晏堂

1873年的海晏堂，虽然屋顶坍塌，但门楼、墙体都存在，12个兽头已经不翼而飞

欧洲的喷水池经常使用裸体人像作为装饰，这不符合中国的传统文化习惯。郎世宁在中国生活多年，他巧妙地把中国文化中的十二生肖形象融入欧式园林之中。十二生肖兽头在1860年之后陆续被盗，经过国家和热心人士的努力，终于找回其中的8个，希望其余4个早日回归故土。

思思：圆明园的标志就是大水法吧？

筑博士：是的，大水法是被英法联军烧毁的圆明园典型遗址，也成了圆明园遗址公园的官方标志图案。

思思：大水法是什么意思呢？

筑博士：喷泉装置从欧洲传入，清朝人称其为"大水法"，就是用水柱变戏法的意思。水池中央有一只铜铸梅花鹿，喷出 8 道水柱，池边有 10 只铜狗也向池中喷水。设计师郎世宁参考了他的故乡意大利那不勒斯市卡塞塔宫的喷泉。

1873 年的远瀛观，壁柱、门楼依然存在

1901 年拍摄的大水法，后面的远瀛观还有残垣断壁存在

中西合璧的建筑

大水法

西洋楼虽然采用了欧洲巴洛克式建筑风格，但也融合了中国建筑特色，包括屋顶形式和彩色琉璃装饰件，让建筑群显得中西合璧，美轮美奂。

残存的大水法喷水石鱼

大水法现状

颐和园 世界最大寿礼

1750 年	乾隆皇帝为母亲钮祜禄氏祝寿，修建大报恩延寿寺，命名为清漪园
1764 年	清漪园建成，皇帝的龙舟可从西直门直达清漪园
1860 年	英法联军火烧圆明园后，颐和园也惨遭劫难。除智慧海、宝云阁及转轮藏之外，其他木构建筑全部被烧毁
1886 年	慈禧太后以操练水师为名修复沿湖一带园林建筑，并开始挪用海军军费重修颐和园
1895 年	颐和园修复工程完成，清朝帝后在此居住和理政，颐和园成为清朝的政治中心
1900 年	八国联军攻进北京，慈禧太后和光绪皇帝仓皇逃难。颐和园被俄国、英国、日本军队占领，长达一年
1953 年	全面整修佛香阁和前山主要建筑
1998 年	颐和园被列入《世界遗产名录》

思思：颐和园太大了，我每次去玩儿感觉腿都要走细啦！

筑博士：颐和园是世界上最大的皇家园林，其占地面积比法国的凡尔赛宫差不多大3倍呢！

思思：为啥要建这么大啊？

筑博士：颐和园是乾隆皇帝献给皇太后60大寿的一份寿礼。

思思：天啊！这皇帝也太奢侈了吧！

颐和园有多大？

颐和园占地 295 万平方米，相当于 127 个留园，或 57 个拙政园，差不多是 3 个法国凡尔赛宫（111万平方米）的大小。

园里的昆明湖湖水面积 200 万平方米，是拙政园湖水面积的 81 倍，是承德避暑山庄湖水面积的 4 倍。园林占地 95 万平方米，是留园园林面积的 41 倍，是拙政园园林面积的 23 倍。

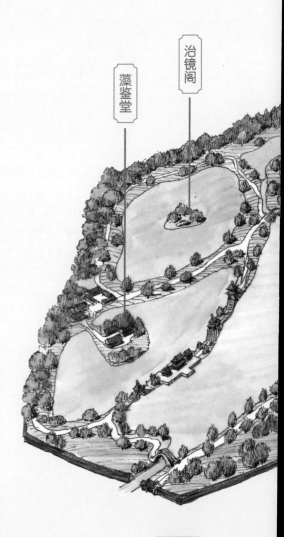

藻鉴堂

治镜阁

颐和园

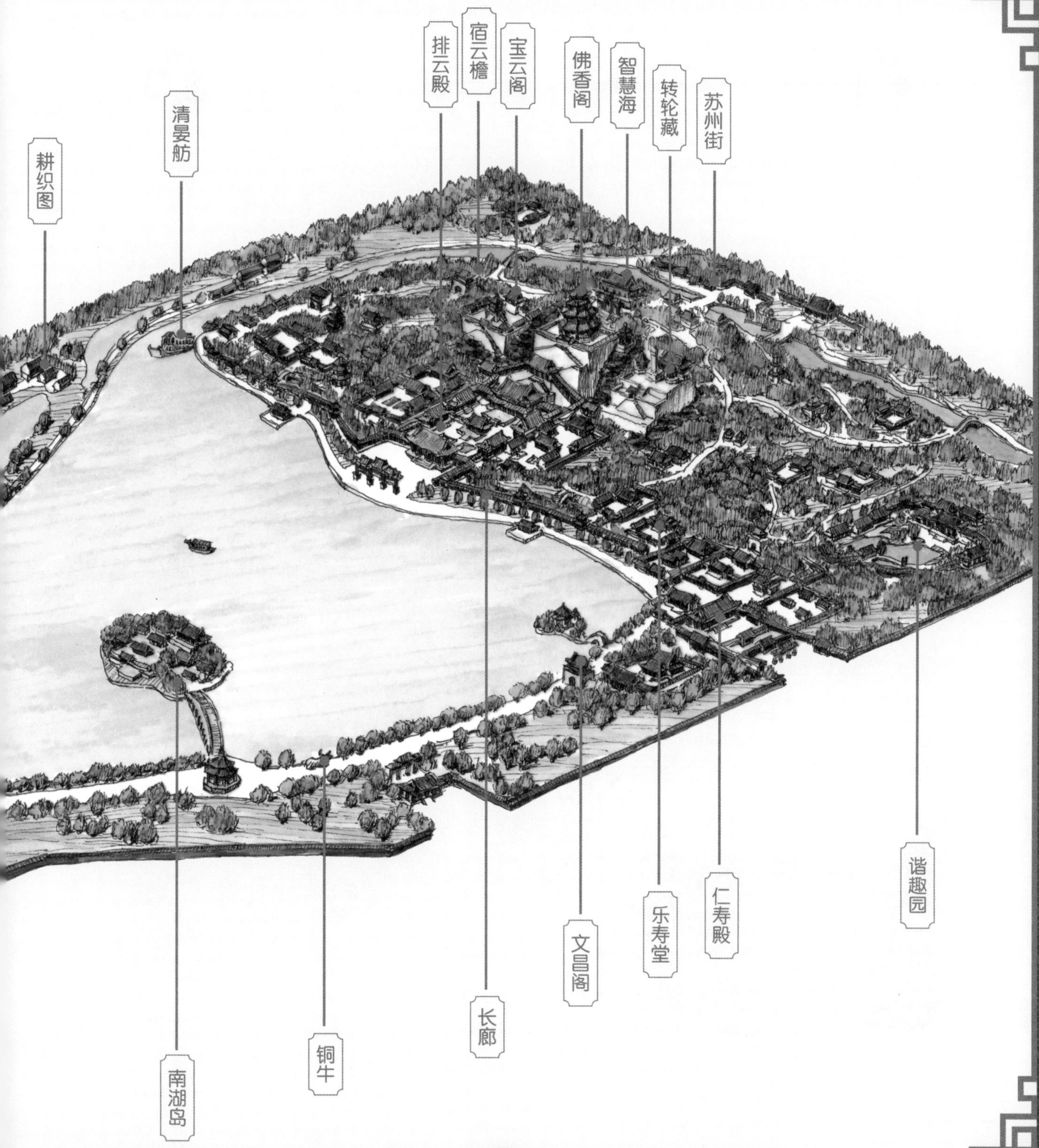

耕织图

清晏舫

排云殿

宿云檐

宝云阁

佛香阁

智慧海

转轮藏

苏州街

文昌阁

乐寿堂

仁寿殿

谐趣园

长廊

铜牛

南湖岛

思思：清朝皇帝不是已经有了圆明园吗？在那里祝寿就很风光啊，为什么还要建新的园林呢？

筑博士：1744年圆明园四十景基本完成，足够皇帝和太后、妃子居住。但乾隆皇帝想给笃信佛教的母亲建一座大报恩延寿寺，庆贺她的60岁生日。颐和园这个地方山高水阔，风水比圆明园更有特色，所以选中了这里。

乾隆皇帝给母亲祝寿

乾隆皇帝陪母亲到江南游玩时发现她很喜欢江南园林，但后来因母亲年事已高不能再去江南，乾隆皇帝就想在京郊修建江南风格的园林供她享乐，于是选择了风水宝地瓮山西湖建造宏大的皇家园林——清漪园。大报恩延寿寺建成后，乾隆皇帝在那里为母亲举行了盛大的祝寿典礼。

天津大学复原的大报恩延寿寺

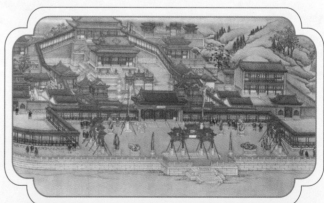

《崇庆皇太后万寿庆典图》中的清漪园祝寿场面

光绪皇帝重修颐和园为慈禧太后祝寿

清漪园于 1860 年被烧毁。后来，光绪皇帝宣称当年清漪园是乾隆皇帝为皇太后祝寿而建，现在重修为慈禧太后祝寿，改名为颐和园，并挪用海军军费建园。光绪皇帝在颐和园为慈禧太后举办过四次万寿庆典活动，他自己也在此举办过三次生日庆典。

《京畿水利图卷》中的清漪园

思思：听说颐和园借鉴了江南园林的风格？

筑博士：清朝统治者惊叹于柔美细腻的江南山水园林，就把颐和园建成了杭州西湖的翻版。

思思：这样皇帝就不用舟车劳顿下江南，从西直门坐船很快就可以欣赏江南园林的美景！

筑博士：是的，皇帝的龙舟从西直门外的倚虹堂码头出发，沿着长河约9公里可达清漪园。

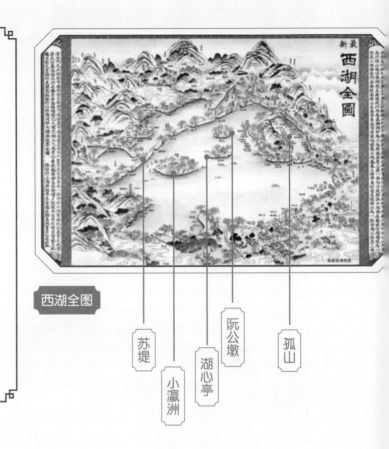

西湖全图

苏堤　小瀛洲　湖心亭　阮公墩　孤山

再造江南

杭州有西湖，颐和园有昆明湖；西湖北侧有孤山，昆明湖北侧有瓮山（后来叫万寿山）；西湖有三座小岛，昆明湖有南湖岛、藻鉴堂、治镜阁；西湖有苏堤，上面有六座桥，颐和园有西堤，上面也有六座桥，沿着西堤种的柳树也和苏堤相同。清末文人有诗为证："谁道江南风景佳，移天缩地在君怀。"

六和塔

佛香阁

佛 香 阁

乾隆母子非常喜欢杭州六和塔，就在万寿山前山建造了仿六和塔的延寿塔，可惜后来倒塌，改建的佛香阁也和六和塔类似。

颐和园西堤和玉泉山

思思：原来乾隆皇帝还是个大孝子啊！

筑博士：清朝皇帝确实很注重孝道，同时也是为了宣扬忠孝仁义、维护统治稳定。乾隆皇帝在颐和园花了不少心思，大兴土木，以博得皇太后欢心。

思思：虽然他很孝顺，但修建这座园子也有些铺张浪费呀！

苏州街

乾隆皇帝发现母亲很喜欢苏州山塘街热闹的水边店铺，就在颐和园后山建了一条买卖街，名叫苏州街，街上建有很多店铺。太监、宫女打扮成售货的，太后不必旅途奔波就能享受到江南购物的乐趣。

苏州山塘街

颐和园后山苏州街

把江南园林搬到北京

乾隆皇帝发现皇太后非常喜欢无锡寄畅园，就建造了寄畅园的翻版——谐趣园。寄畅园有知鱼槛和七星桥，谐趣园有知鱼桥；寄畅园有八音涧，水声优美，谐趣园有玉琴峡，水声淙淙；谐趣园环水有"一堂、一轩、一楼、一斋、一亭、一桥、一径、一洞"八个景观，和寄畅园异曲同工。

寄畅园知鱼槛

寄畅园七星桥

谐趣园知鱼桥

筑博士：清朝的统治者来自寒冷荒蛮的塞外，对江南温润、细腻的自然气候和建筑景观格外喜欢，所以颐和园几乎完整地仿造了江南园林。

思思：原来颐和园不仅在布局上模仿江南的西湖，还仿造了江南风格的园林，真是太阔气了！

思思：乾隆皇帝为了讨母亲欢心，把西湖的风景、苏州的买卖街、无锡的园林都搬来了！

筑博士：大报恩延寿寺（现在的排云殿）两侧还建了长廊，让皇太后散步游玩，观看湖山景色。

思思：长廊我去过，那里的彩画特别多！

筑博士：是的，皇太后边散步边欣赏彩画故事，就像今天的人们看电影。

长廊梁枋上的苏式彩画：元春省亲

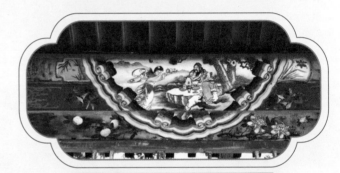

长廊梁枋上的苏式彩画：麻姑献寿

长廊从东向西有留佳亭、寄澜亭、秋水亭和清遥亭

长廊

清朝电影院：长廊

颐和园前山排云门两侧有中国园林中最长的一条廊道，1990 年就被列入吉尼斯世界纪录。长廊蜿蜒 728 米，梁枋上绘有 14000 多幅苏式彩画，全都是民间故事、风景花鸟，如同小型的彩画博物馆。在没有电视、摄影技术的年代，这是皇太后最喜欢的消遣地方，如同今天的电影院。

长廊中间有四个重檐亭子分别代表春、夏、秋、冬，每个亭子相隔 300 步左右，适合皇太后散步休息。

思思：十七孔桥有"金光穿洞"的景象，漂亮极了！这个桥洞数有没有什么讲究啊？

筑博士：从十七孔桥的中间桥洞往两边数，都是 9 个桥孔。古人认为九是极数，象征皇家的尊贵。桥上有 544 只形态各异的石狮子，比卢沟桥上的还要多。

思思：为什么湖边要放一只铜牛？

筑博士：传说古代的大禹每次治理水患后就把一只铜牛投入水中，用来镇压水患，使其永不泛滥。昆明湖东堤有镇水铜牛，西堤西侧有耕织图景区，象征男耕女织，风调雨顺。

昆明湖铜牛

十七孔桥

建筑中的象征手法

昆明湖中有三座小岛，分别是十七孔桥连接的南湖岛、西堤西侧的藻鉴堂和治镜阁，象征神话中东海的三座仙山：蓬莱、瀛洲、方丈，寓意园林如同天上仙境。治镜阁因为孤悬湖水之中，在1860年的劫难中幸存，可惜后来因为重修颐和园的主要建筑需要木料，被拆毁。南湖岛上有龙王庙，湖南侧凤凰墩上有凤，寓意龙凤呈祥。万寿山东面文昌阁供奉文昌帝，西面宿云檐供奉武圣关羽，象征文武双全。

未被拆毁前的治镜阁

思思： 颐和园都重修了，为什么圆明园不重修呢？

筑博士： 1860 年英法联军烧毁了西郊的五座皇家园林，包括圆明园、畅春园、静明园、静宜园、清漪园，皇室顿时失去了享受玩乐的场所。由于圆明园规模太大，当时政府无力重修。

思思： 那为什么最后重修颐和园？

筑博士： 慈禧太后一直想要一个养老休闲的大花园，但有人反对，不能如愿。当清朝开始建设北洋海军时，有人提议在昆明湖进行海军操练，借此修复破损建筑。慈禧太后正好以此为借口重修颐和园，挪用海军军费大兴土木，1895 年底基本完工，成为慈禧太后贺寿、居住、享乐的场所。

1871 年的清漪园，除左图山顶的智慧海（砖石结构）、右侧的转轮藏和右图的宝云阁（纯铜结构）外，大部分木构建筑被毁，包括大报恩延寿寺

清晏舫

从私享园林到全民公园

颐和园是清朝皇室为了享乐而耗巨资修建的皇家园林，由于维护费用巨大，颐和园清末时已经完全破败。1928 年，颐和园成为国家公园，为筹集经费维修，很多建筑被出租。

中华人民共和国成立后，颐和园才旧貌换新颜，政府全面整修了佛香阁和前山主要建筑。1998 年颐和园被列入《世界遗产名录》，清朝皇家园林终于成为普通人休闲游览的文化胜地。

雍和宫
王府改佛寺，是庙却叫宫

1694 年	康熙皇帝为皇四子胤禛（雍正皇帝）建造府邸，称雍亲王府
1725 年	雍正三年改亲王府为皇帝行宫，命名雍和宫
1735 年	雍正皇帝驾崩，灵柩供奉在雍和宫的永佑殿
1744 年	雍和宫成为藏传佛教寺院，也是当时全国等级最高的佛教寺院

筑博士： 思思，你过年时去过雍和宫吗？

思思： 我去喝过香喷喷的腊八粥，大年初一也去逛过，那里烧香拜佛的人特别多！

筑博士： 你知道这个佛教寺庙为什么不叫雍和寺而叫雍和宫吗？

思思： 还真是奇怪啊！"宫"不是指皇帝居住的地方吗？

筑博士： 说对了！

万福阁

延绥阁　　　　　　　永康阁

戒台楼　　　法轮殿　　　班禅楼

西配殿

永佑殿　　　　　东配殿

时轮殿　　　雍和宫　　　药师殿

讲经殿　　　　　　　　密宗殿

四体碑亭

雍和门

鼓楼　　　　　　　　　　钟楼

雍和宫

王府改行宫

雍和宫曾经是雍正皇帝登基前的亲王府，称雍亲王府，他的儿子弘历（后来的乾隆皇帝）在此降生和成长。因为两代帝王都曾在此居住，雍和宫被称为"龙潜之居"。雍正皇帝登基后依然眷恋这个居住近 30 年的地方，在雍正三年改亲王府为皇帝行宫，命名雍和宫，经常回来居住。

永佑殿曾是雍正皇帝的寝殿

思思：原来雍正皇帝还经常回到雍和宫居住呀！

筑博士：是的，很多人长大了以后会很想念儿时的住处，皇帝也一样很怀旧。

思思：那后来怎么又改成寺庙了呢？

筑博士：雍正皇帝驾崩以后，他的儿子乾隆皇帝就面临一个难题，是否继续把雍和宫作为皇家府邸，让别的亲王居住。

雍和门

行宫改寺庙

雍正皇帝驾崩后，他的儿子弘历继位为乾隆皇帝。乾隆皇帝因为父亲生前在雍和宫居住近 30 年，因此将雍正灵枢供奉在雍和宫的永佑殿中——这里是雍正皇帝曾经的寝殿。为符合皇帝身份，雍和宫的主要建筑在 15 天内紧急由绿色琉璃瓦改为黄色琉璃瓦。

乾隆皇帝经过深思熟虑，认为雍和宫不应给别的皇子居住，但如闲置不用又会荒废。他最终决定将这里改为一座藏传佛教寺庙，使其年年香火旺盛，诵佛声不绝，后代也可常去祭奠，是对雍正皇帝最好的纪念。1744 年（乾隆九年）雍和宫就正式成为藏传佛教寺院，也是当时全国等级最高的佛教寺院。

雍和宫殿（即大雄宝殿，原银安殿）

法轮殿供奉藏传佛教宗喀巴大师像，屋顶开天窗，殿内佛光普照

万福阁供奉巨型白檀木雕弥勒佛，主楼和配楼之间的空中连桥，是中国古建筑中仅存的"飞阁复道"

筑博士：思思你听说过"由书变佛"的故事吗？

思思：书怎么能成佛啊？

筑博士：汉字常用字有两万多个，印刷书籍时需要非常多的铜活字，康熙皇帝在位时铸造了25万枚铜活字。

思思：用铜来做字模肯定很费钱吧？

筑博士：是的。其实铜活字制作成本和雕刻木板差不多，而且古代的时候金属铜稀缺，所以后来乾隆皇帝下令把这些铜活字熔化了，用来制作铜钱和佛像，其中就包括雍和宫殿的三尊主佛。这就是"由书变佛"的故事。

清代铜活字

《钦定古今图书集成》

铜活字印刷

活字印刷术是中国四大发明之一。明清两代开始用铜活字排版印刷书籍，出版了天文书《星历考原》、音乐书《律吕正义》、数学书《数理精蕴》等。最为著名的当数《钦定古今图书集成》，与《永乐大典》《四库全书》齐名，是我国现存规模最大、体例最完整的一部古代百科全书，也是中国印刷史上最大的一项铜活字印刷工程，总计1万卷，共印了64部，至今还存有10余部。

雍和宫殿内的铸铜镀金三世佛

铸铜镀金三世佛

雍和宫正殿是雍和宫殿（即大雄宝殿），供奉了三尊主佛，由西向东依次为燃灯佛，又称过去佛；释迦牟尼佛，是现在佛；弥勒佛，为未来佛。佛像高度近 2 米。

思思：这万福阁里的佛像好高啊，是怎么运进大殿里的呢？

筑博士：这就是著名的"先立佛像后盖楼"的故事。

思思：难道是先有佛像？

筑博士：没错！当年雍和宫改成寺庙时，后院比较空旷，乾隆皇帝认为需要一座高大的佛像作为寺院的"靠山"，就花了3年时间从尼泊尔运来一棵白檀树。工匠先把木料雕刻成雄伟的弥勒大佛，再围绕佛像建造万福阁，这就是"先立佛像后盖楼"。

先立佛像后盖楼

万福阁大殿有一尊巨大的木雕弥勒佛，用一棵白檀树的主干雕成，高26米，地上18米（地下埋有8米），宽8米，全重约100吨，是中国最大的独木雕像。

万福阁木雕弥勒佛

青铜须弥山

铜鼎

青铜须弥山

雍和宫大殿前的庭院里，椭圆形汉白玉石座上的石池中，有座高达1.5米的青铜须弥山。须弥山是古印度神话中的名山，据说是世界的中心。佛经认为，世界的最底层是风轮，其上是水轮，再上是地轮。地轮之上有九山八海，须弥山就在这山海之间。

北京三绝之一

雍和门后面的铜鼎是乾隆年间把很多明朝的宣德炉熔化后铸造而成的稀世珍品。此鼎被称为北京三绝之一，另外两绝是北海团城的玉瓮和北海北岸的九龙壁。

思思：我特别喜欢正月到雍和宫看打鬼舞。

筑博士：打鬼舞又叫金刚驱魔舞，是藏传佛教的一种仪式。目的是驱除内心的毒瘤，降伏恶魔，达到内心清净、至善至美的境界。

思思：那戴着面具的都是好人吧？

筑博士：头戴面具的人都是佛、菩萨的化身，象征驱逐邪魔，惩恶扬善，护持佛法，普度众生。

鹿面神舞

驱魔舞的象征

金刚驱魔舞共有六幕，包括：清除疾病、福慧双增的献金饮舞；表达虔诚与感恩的阿杂日舞；除恶行善，脱离苦海的好迈舞；弘扬佛法、扫尽恶魔的法王舞；战胜邪魔，享受快乐的尸陀林主舞；勇武刚健的鹿面神与牛面神舞，在此时整个表演达到高潮。

啥是腊八节？

我国古代是农业社会，每年腊月（农历十二月）天寒地冻，进入农闲时期。人们在此时举行仪式感谢神灵，祈求来年五谷丰登，从汉朝时就逐渐固定在腊月初八举行祭礼。在佛教传入中国后，和释迦牟尼得道成佛纪念日相结合，成为腊八节，祭祀祖先、神灵和佛祖。

雍和宫在腊八节施粥

腊八奉粥

每年的腊八节雍和宫都会熬五大锅粥，僧人把奶油、小米、江米、红枣、核桃、桂圆、瓜子、葡萄干等放入大锅内熬煮。分配方法为：首锅供奉佛祖，第二锅献给皇帝，第三锅给王公贵族和大喇嘛，第四锅送文武官员，第五锅给本寺僧众。余下的粥会在腊月初八早晨施舍给平民。

国子监

天子办学，千年兴衰

西周	西周天子为教育贵族子弟设立辟雍。校址为圆形，围以水池
汉朝	汉朝以后历朝均有辟雍，是尊儒学、行典礼的场所
隋朝	太学改称国子监，培养未来的官员
隋朝	创建科举制度
元、明两朝	两朝都设有国子监
清朝	乾隆皇帝恢复周朝古制，修建辟雍殿及环水，1785 年建成。乾隆皇帝亲自在此讲学，并题写"圜桥教泽"和"学海节观"
1905 年	随着科举制度的终结，国子监被废止

筑博士：湖南的岳麓书院成立于976年。不过据历史记载，在西周的时候（公元前1046—前771年），周天子就建立了名为辟雍的大学，专门培养贵族子弟。

思思：原来辟雍就是中国的大学啊！

筑博士：是啊，辟雍后来改叫国子监，皇帝还会来讲学呢！

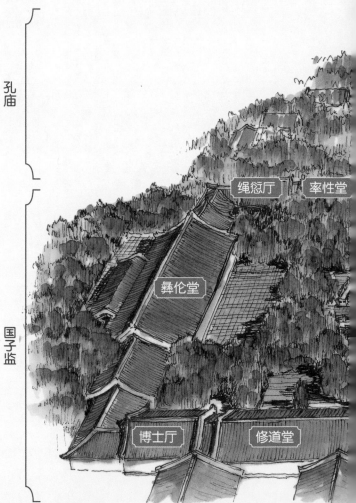

孔庙

国子监

绳愆厅　率性堂

彝伦堂

博士厅　修道堂

孔庙大成殿　孔庙碑亭

诚心堂　崇志堂

辟雍殿　御碑亭　鼓楼

琉璃牌坊　太学门

密宗殿　钟楼

正义堂　广业堂

孔庙和国子监

思思：这个殿为啥叫辟雍啊？挺难理解的。

筑博士：辟雍以前叫"璧雍"，是为贵族子弟设立的大学，建筑四周有环形水池，形如玉璧，象征天的形状（古人认为天圆地方）。大学四周一定要有水，象征"教化流行"。环形的水称作"雍"，意为圆满无缺。

思思：辟雍就是环形的水面的意思啊！

筑博士：对！方形的讲堂坐落在环形的水面上，寓意天子讲课的场所。这里的学子也自称天子门生。

什么人能够进国子监学习？

进入国子监的学生称为监生，来源不是通过考试，而是要满足以下几个条件：1. 朝廷高官的后代可以特许入荫监，叫官生；2. 为国牺牲的烈士后代也可入荫监，叫恩生；3. 地方上府、州、县各级官学举荐的学子，可入贡监，称贡生；4. 在地方上考中举人但没有进士及第者可入举监；5. 通过交纳银钱或粮食等也可入例监。

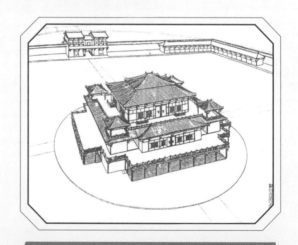

汉代的明堂辟雍是皇帝颁布政令、接受朝觐和祭祀天地诸神以及祖先的场所

正义堂

学制

辟雍殿两侧是东西三堂，其中广业堂、崇志堂、正义堂是初级班，学期一年半；诚心堂、修道堂是中级班，学期也是一年半；率性堂是高级班，学期一年，总计四年。毕业后可被派往政府部门实习或参加科举考试。由于国子监的教育标准非常苛刻，真正能在四年内完成学业的人不多，很多监生都要十年以上才能毕业。

辟雍殿内部，天子讲学处

辟雍殿

辟雍殿于 1785 年建成,矗立在国子监的中心位置,建筑平面呈正方形,每边三个柱间,三三得九,寓意天下九州,四周环形水池围绕,形似古代的圆形玉璧。池周为汉白玉栏杆,下面有石雕龙头不断流水。整个建筑和环绕的池水象征天圆地方,传流教化,把天子推崇的儒家思想代代传承。

辟雍殿

临雍讲学

临雍讲学

辟雍殿落成后的第二年早春，乾隆皇帝亲自参加了盛大的临雍讲学典礼。仅圜桥观听的监生和官员就有三四千人。先由满汉大学士讲四书，然后国子监祭酒（相当于现在的校长）讲《周易》，这叫作助讲，最后才是乾隆皇帝亲自讲学。据说连集贤门外的街道上都跪满了人，需要专门的传胪官逐级高声传诵来帮助大家聆听皇帝教诲。

思思：这个牌坊真华丽，还用了金黄色的琉璃！

筑博士：是的，因为国子监是明清皇帝亲自讲学的场所，所以牌楼和两侧的御碑亭都使用了帝王专属的金黄色琉璃。

思思：皇帝真的来讲学吗?

筑博士：牌楼正面有"圜桥教泽"四字，就是乾隆皇帝所题，意思是皇帝在环水石桥的中央教化和恩泽学子；后面有"学海节观"四字，是说皇帝在辟雍讲学时引来众多学子聆听观看。

琉璃牌坊

科举制度

中国古代国家官员的任命一般采用世袭制，或者从官僚贵族中选拔，老百姓没有改变命运的机会，非常不公平。隋朝创建了科举制度，由朝廷开设科目，民间学子自由投考，只要成绩出色就能获得做官取仕的机会，是保证社会公平的进步制度。

国子监有什么课程？

国子监的课程主要是四书五经等儒家经典。比如明代国子监监生的功课内容为《御制大诰》《大明律令》《性理大全》《说苑》和四书五经等，全部是儒家经典和帝王语录，没有科学、文学、艺术方面的内容。

监生每日功课一是练字，二是背书，三是作文，如完不成任务或达不到指标要受惩罚，每个月只有初一、十五两个休息日。

思思：原来国子监是培养国家官员的学校啊，那为什么被废除了呢？

筑博士：国子监历史悠久，但只考经书，重视功名，重文轻武，轻科技，轻实务。这样就造成培养出来的人才不敢突破儒家经典和帝王思想，缺乏创新能力和现代科学知识，也造成社会发展停滞。

思思：所以国子监就越来越落后啦？

筑博士：是的，1904 年最后一次科举后，国子监就走到了终点，被新式学堂和大学代替。

八股文

明初开始要求科举考试以固定文体书写答题，称为八股文。命题严格局限在四书五经中，答题必须模仿古人语气，不许创新，只能引经据典，"代圣贤立言"。八股文形式死板，内容陈旧，极大地束缚了考生的思想。

国子监的孔子像

科举的衰落

晚清时期，随着国家积贫积弱、外敌入侵，科举已经大大衰落。1904 年最后一次科举后，清政府已经无力承担立进士碑的费用，进士们只能自掏腰包。

清朝进士碑

清末新式学堂

现代教育

清末废除科举后，新式学堂引进了现代教育制度和外国教师，清华大学、燕京大学等相继成立，开启了中国现代教育时代。

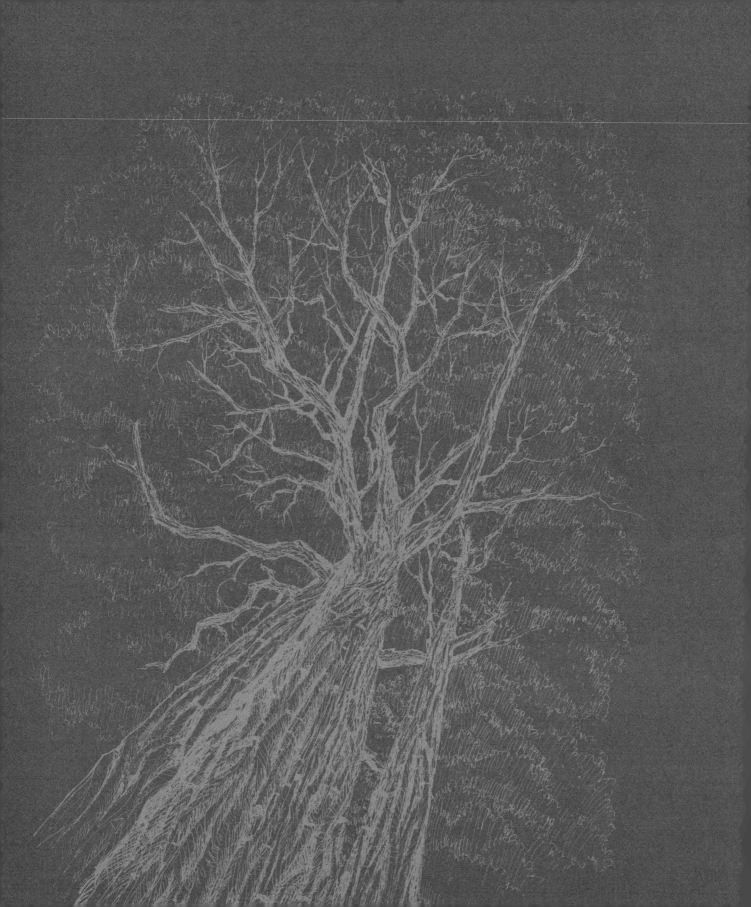

潭柘寺

先有潭柘寺，后有北京城

316 年	西晋时期，北京最早的佛寺建成，名为嘉福寺
约 1400 年前	唐朝时，寺中植下银杏树和柏树
约 600 年前	明朝时，寺中植下七叶树（菩提树）
明初	姚广孝参考潭柘寺设计紫禁城
清朝	康熙皇帝赐名为岫云寺

筑博士：北京有句俗话叫"先有潭柘寺，后有北京城"，你知道是什么意思吗？

思思：我听老人讲过，潭柘寺的历史比北京城还要悠久。

筑博士：说得对。潭柘寺的前身嘉福寺建于 316 年。1153 年金朝定都北京，北京从此一直是国都，历经元、明、清至今。

潭柘寺有多古老？

潭柘寺最初建于西晋时期，当时佛教刚刚传入华夏，这是北京一带最早的一座佛寺，初名嘉福寺。一千多年中寺庙历经动乱和天灾，多次荒废又重建，逐渐被历代皇帝重视，经常来上香并且拨款修缮。因为寺后有龙潭，山上有柘树，所以民间一直称之为潭柘寺。

潭柘寺山门

康熙皇帝题匾

北京最大的皇家寺院

潭柘寺内有很多棵唐代留下的银杏树和柏树，最大的一棵被乾隆皇帝命名为帝王树。传说元世祖忽必烈的女儿妙严公主为了替父赎罪，到潭柘寺剃度出家，终老于寺中。

清朝时康熙皇帝赐名并亲笔题写牌匾：敕建岫云禅寺。北京地区佛寺众多，有戒台寺、红螺寺、云居寺、法源寺、大觉寺等，潭柘寺是其中规模最大的皇家寺院。

观音殿

毗卢阁

戒坛

方丈院

帝王树

楞严坛

大雄宝殿

竹林院

梨树院

天王殿

大铜锅所在院

山门

潭柘寺

筑博士："先有潭柘寺，后有北京城"这句话，还有另一层意思：明成祖朱棣从南京迁都北京筹备建造紫禁城的时候，参照了潭柘寺的建筑布局。

思思：原来潭柘寺和北京城的关系这样密切啊！

筑博士：设计北京城的姚广孝是明成祖的大谋士，他在潭柘寺隐居修行多年，从这里得到了灵感和启发。

财神殿

潭柘寺和紫禁城

南北轴线：潭柘寺有3条南北轴线，中线是山门、天王殿、大雄宝殿、毗卢阁；东线是竹林院到方丈院；西线是梨树院、楞严坛、戒坛到观音殿。紫禁城借鉴了这种布局。

建筑形式：大雄宝殿采用了重檐庑殿式屋顶，覆盖金色琉璃瓦，彩画使用了金龙和玺图案，紫禁城太和殿也一样。

风水布局：潭柘寺坐北朝南，背倚9座山峰环状护佑，门前是龙潭溪水，风水极好。紫禁城仿照此布局，背靠景山，前面是金水河。

吉利数字：潭柘寺在鼎盛时有房间999间半，而紫禁城有房间9999间半，都使用"9"这个属于皇家的吉利数字。

思思：潭柘寺是皇家寺院，它有哪些特点呢？

筑博士：山门上的康熙题字"敕建岫云禅寺"，说明是皇家特许的寺庙，而且历代帝王都常来进香。特别是大雄宝殿用了皇家专用的建筑形式，这对于普通寺庙建筑来说是不可能的。

大雄宝殿

大雄宝殿的和玺彩画

大雄宝殿的脊兽

大雄宝殿

大雄宝殿是潭柘寺的核心建筑，采用了与紫禁城太和殿类似的皇家专用顶级建筑形式：金色琉璃瓦、重檐庑殿顶、金龙和玺彩画，大殿正脊上的琉璃螭吻高度有2.9米，仅比太和殿屋顶上的小0.5米；戗脊上的走兽数目是7个，只比太和殿的9个低一个等级。

帝王树

思思：潭柘寺有一棵帝王树，秋天的时候树叶变成金黄色，非常好看！

筑博士：帝王树是由乾隆皇帝赐名的，它是一棵古银杏树，相传种植于唐朝。树高 40 米，直径 4 米，六七个人才能合抱。

思思：那帝王树已经有一千多年了，可真长寿！

方丈院与千年古柏

方丈室是寺庙住持居住和弘扬佛法的地方。据《维摩诘经》记述，德高望重的高僧居室长宽各一丈，面积一平方丈，但佛法的世界却是无限的，因此居室叫方丈室，院落叫方丈院。

方丈院内，有几株唐朝种植的柏树，树龄约有 1300 年。

约 600 年树龄的七叶树（佛门圣树菩提树）

方丈院的唐朝古柏

见证王朝兴衰

帝王树主干分为几部分，根部相连。相传清朝时每有一位皇帝登基，树的根部就会长出一枝新枝干，与老枝干合为一体生长；每当有一位皇帝驾崩，便会掉下一根树杈，因此这棵古银杏树可以说是见证了清王朝的兴盛与衰落。

思思：听说潭柘寺有两个著名的宝贝？

筑博士：是的，第一宝是大铜锅，在天王殿东跨院，直径 1.85 米、深 1.1 米，是和尚们炒菜所用。据说以前还有一口更大的锅，直径 4 米、深 2 米，如果熬粥需要十几个小时才能煮熟。

思思：这口大锅是用来给多少人做饭啊？

筑博士：潭柘寺鼎盛时有 300 多个僧人呢！

天王殿东跨院现存铜锅

第一宝：大铜锅

潭柘寺的僧人们平时用大铜锅做饭，必要的时候也用大铜锅救济施粥。每当兵荒马乱或者天灾歉收时，寺院就用平时存下的大米煮粥，分发给灾民。

用大铜锅煮粥救济百姓

龙王殿石鱼

第二宝：石鱼

观音殿东侧的龙王殿前廊挂着一只石鱼，长1.7米、重150公斤，看似铜制，实际是用石头雕刻的，敲打时可以发出美妙的声音，传说是南海龙王送给玉皇大帝的宝物。

相传石鱼身上的13个部位，代表古代中国的13个省，哪个省遇到干旱，敲击石鱼上代表那个省的部位，就可以下雨缓解干旱。有人生病了，也可触摸石鱼身上相应的部位，驱除病痛。这些传说让很多人来此祈福，石鱼也成了潭柘寺的一宝。

北京古桥

拱卫京师，见证历史

595 — 605 年	河北石家庄赵州桥
1053 — 1059 年	福建泉州洛阳桥
1170 — 1226 年	广东潮州广济桥
1189 — 1192 年	北京卢沟桥
1446 年	北京通州八里桥
1447 年	北京昌平朝宗桥
1463 年	北京通州马驹桥
1750 年	北京颐和园十七孔桥
清乾隆年间	北京颐和园玉带桥

筑博士：思思，你说为什么要有桥？

思思：有句俗话叫"逢山开路，遇水架桥"，道路遇到河流的时候就需要建桥。

筑博士：说得对。北京的东西南北几条河上自古就建了大桥，方便交通和旅行。

思思：这些都是石桥吗？

筑博士：最早应该是木桥。比如有记载北沙河上曾经建有木桥，经常被洪水冲垮，于是在明朝建成了石拱桥——朝宗桥。目前保留下来的古桥全部是石拱桥。

朝宗桥

卢沟桥

拱卫京师五大桥

明清时期北京城北边的北沙河建有朝宗桥，南沙河建有安济桥，东边通惠河建有八里桥，东南凉水河建有马驹桥，西南永定河建有卢沟桥。这五座桥是京城出行必经之路，也是守卫京师的重要门户，所以被称为拱卫京师五大桥。其中安济桥、马驹桥现已不存在。

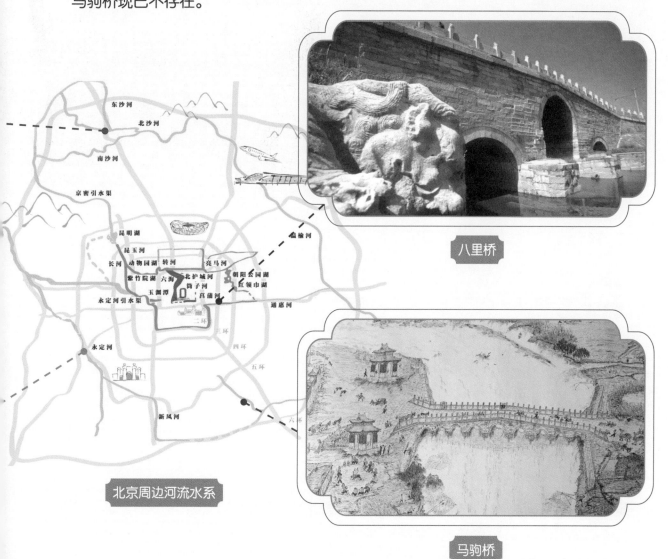

八里桥

北京周边河流水系

马驹桥

卢沟桥

思思：卢沟桥已经有800多年历史，是北京最古老的桥吧？

筑博士：是的，卢沟桥是中国四大古桥之一，其他三座是河北石家庄的赵州桥、广东潮州的广济桥和福建泉州的洛阳桥。

思思：为什么要在这里建卢沟桥呢？

筑博士：当时是金朝，卢沟桥位于金中都的西南15公里处，1192年大桥建成。史料记载金章宗将桥命名为广利桥，因跨卢沟河（即永定河），改名为卢沟桥。

卢沟桥

从元代绘画《卢沟运筏图》可以看到当时的卢沟桥桥面坡度比较大。800 多年前金朝所建的卢沟桥在清朝康熙年间毁于洪水，1698 年重建，因此我们现在所看到的是康熙年间重建的卢沟桥，迄今 300 余年。

《卢沟运筏图》

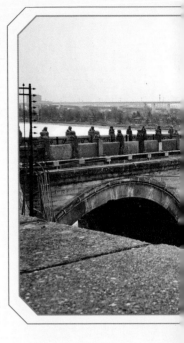

思思：卢沟桥这么结实的大石桥，都能在清朝被洪水冲毁？

筑博士：是的，洪水是所有桥梁的噩梦。今天的卢沟桥采用了很多当时很先进的造桥技术，才能让大桥安全稳固。

思思：大桥也很怕地震吧？

筑博士：当然，地震经常会造成桥梁毁坏。卢沟桥虽然是由一块一块的石头垒起来的，但是通过巧妙的造桥技术，大桥形成一个整体，300多年来虽经历几次大型地震，但依然安然无恙。

1975年，一列超长的平板载重车运载429吨重的货物，安全通过了卢沟桥，桥梁毫发无损

卢沟桥上的燕尾铁

河水从北向南流动，北面桥墩
做成尖形船头状，减少冲击

南面桥墩采用平形船尾状

卢沟桥为啥坚固不摧？

永定河原称无定河，夏天时河水经常暴涨，混浊凶猛。卢沟桥建桥时，工匠将很多粗大的铁柱打入河底的卵石层中，把巨石中间穿孔，插入铁柱，桥墩连成一个整体。桥身、拱、桥墩都用铁片缠绕，捆绑加固。建桥工匠别出心裁地把桥墩建成船形，面对水流方向是尖形船头，还有六层分水石板，逐次收进，既保护桥墩，又吸收了洪水的推力。拱劵石块之间使用燕尾形铁件联结加固，桥墩内部的石板也都用铁件彼此拉连，让桥体连成整体，因此卢沟桥300多年来坚固不摧。

思思：我每次到卢沟桥都要数柱头上的狮子，可每次数出来的数都不一样。

筑博士：北京有句老话，"卢沟桥的狮子数不清"。古代曾有记载卢沟桥有石狮子368只。1960年有人用编号的方法数出485只，后来又有人数出502只。

思思：为什么石狮子很难数清？

筑博士：第一，卢沟桥全长266.5米，两侧桥栏有石雕栏板279块，望柱共281根，南侧望柱140根，北侧141根。桥长柱子多，很容易数乱了。第二，很多柱头上不止有一只狮子，有的是大狮子带着小狮子，有的小狮子被踩在脚下，有的趴在大狮子的背上，很容易被忽略。不信你去数数看。

卢沟桥上的石狮子

后背还趴着一只

是狮子还是腿？

石雕艺术大全

卢沟桥上的石狮子历经金、元、明、清、中华民国、中华人民共和国各个时期的修补、更换，融汇了各个时期的艺术特征，是一座名副其实的石雕艺术博物馆。

是绣球还是狮子？

思思：八里桥看上去是座小桥啊，只有三个桥洞。

筑博士：但八里桥曾经发生了一场大战 ——八里桥之战。这场大战很惨烈，也带来了很严重的后果。

思思：是什么后果呢？

筑博士：1860 年第二次鸦片战争的时候，英法联军就是在这里打败清朝军队，最后火烧圆明园的。

京城运粮门户

八里桥位于京东通惠河，原名永通桥，始建于 1446 年，是一座三孔石拱桥，是从通州进北京的必经之处，因距通州城八里而得名。

八里桥长 30 米，宽 16 米，中间桥孔高于两边。因为通惠河运粮船都有桅杆，桥洞过低会阻碍漕船航行，将中孔建高，船只可直接通过，因此有"八里桥不落桅"之说。1860 年的八里桥只有一个主桥洞，后来才增加了两个小桥洞，以避免被洪水冲毁。

1860 年的八里桥，部分栏杆毁于战火

八里桥

清军大战英法联军

1860年，挑起第二次鸦片战争的英法联军从天津向北京逼近。驻守八里桥的约3万清军，使用大刀、长矛和少量抬枪、抬炮，与装备先进的约6000名英法联军展开生死决战。清军虽然勇猛，但因落后的武器装备和军事战术而遭遇惨败。

1860年的八里桥之战

朝宗桥

思思：朝宗桥这个名字挺有意思，是不是朝拜祖宗？

筑博士：正是这样！明朝迁都北京，皇家陵墓建在昌平北部。祭陵的必经之路上有两条河，即南沙河和北沙河，上面分别建了一座石拱桥。

思思：这就是朝宗桥名字的来源啊！

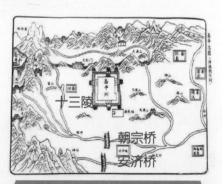

明朝在通往十三陵的路上建有朝宗桥和安济桥

朝宗桥镇水神兽

朝宗桥：谒陵北巡的必经之路

明朝迁都北京之后，在京北昌平建皇家陵墓，也就是十三陵。为了安放皇帝灵柩和方便祭拜，拆掉了南北沙河上的木桥，建造了两座坚固的石桥，北面的叫朝宗桥，南面的叫安济桥。朝宗桥为七孔石桥，全长130米，宽13.3米，有七个连续圆拱孔洞，桥面坡度和缓，适合通行，桥两旁有石栏柱53对，南侧桥头遗留镇水神兽一只。而安济桥后来被拆掉，现不复存在。

十七孔桥

十七孔桥：
金光穿洞

十七孔桥有一个非常独特的景观叫金光穿洞。每年冬至这一天，太阳落山的位置最靠南，这时阳光正好从朝向西南的 17 个桥洞中穿过，金光闪闪，非常壮观。

金光穿洞

神态各异的石狮子

十七孔桥的每根望柱上都雕有神态各异的狮子，大小共 544 只，比卢沟桥的狮子还多。有的母子相抱，有的玩耍嬉闹，有的你追我赶，有的凝神观景，个个惟妙惟肖。

十七孔桥上的石狮子

思思：颐和园的十七孔桥可真长啊！

筑博士：十七孔桥位于颐和园的昆明湖上，长 150 米，宽 8 米，由 17 个桥洞组成。这是国内最长的一座园林景观桥。

思思：为什么有 17 个桥洞，而不是 15 个或者 20 个？

筑博士：中央的桥洞左右两边各有 8 个孔，加上中央的孔，左右正好各是 9，而 9 是皇帝最喜欢的吉利数字，所以将桥建成 17 个孔。

玉带桥是皇帝从颐和园
到玉泉山的必经之路

从西直门去昆明湖要经过一座同款玉带桥，为了区分叫作绣漪桥

玉带桥：天宫仙桥

玉带桥的造型借鉴了我国江南水乡石拱桥的风格，因为皇帝的龙舟要从桥下驶过，所以桥洞很高，行人经过需要爬上高高的台阶。桥拱高耸，形状像古人佩戴的玉带。半圆的桥洞与水中的倒影，构成一轮透明的"圆月"。洁白的桥栏柱上雕有各式向云中飞翔的仙鹤，雕工精细，让玉带桥显得像天宫中的彩虹桥，如梦如幻。

1870 年的玉带桥

筑博士：北京古桥远不止这些，还有规模仅次于卢沟桥的琉璃河大桥，紫禁城的金水桥，燕京小八景之一"银锭观山"的银锭桥。

思思：古桥还真多啊！怎么把这些桥分类呢？

筑博士：这些桥都是石拱桥，就是用石块砌筑成弧形，和欧洲古代的桥梁技术是一样的。其中玉带桥、八里桥是单孔桥，卢沟桥、十七孔桥、朝宗桥是多孔桥。

思思：北京古桥都是咱们中国人独立发明建造的吧？

筑博士：当然！中国古桥技术可以和欧洲相媲美，古代交通不便，地理隔绝，中国工匠靠自己的智慧和双手建起了一座座美丽、安全的大桥。

北京古塔 西域艺术，华夏融合

公元前 1 世纪左右	佛塔的原型，参照印度最古老的桑契窣堵坡建成
东汉三国时期	中原地区开始建造佛塔
520 年左右	嵩山嵩岳寺塔建成，是目前我国最古老的塔
1119 — 1120 年	北京天宁寺塔建成，是北京最古老的地上建筑
1195 年	应县木塔建成，是目前世界上最高的木塔
1279 年	北京妙应寺塔建成，是中国现存年代最早、规模最大的藏式喇嘛塔
1473 年	北京五塔寺塔建成，为金刚宝座塔

筑博士：你知道北京最古老的建筑是哪一个吗？

思思：听说"先有潭柘寺，后有北京城"，潭柘寺是最古老的吧？

筑博士：潭柘寺建于西晋，离现在有1700多年了。不过寺中的建筑大部分是木结构，历朝历代经过重修，保留下来的建筑年代没有那么久。

思思：那北京最古老的建筑是哪个呢？

筑博士：房山云居寺有一座建于711年的唐代石塔，不过规模较小。天宁寺舍利塔是公认北京城区最古老的建筑，建于1119年，已经有900年啦！

天宁寺塔

天宁寺塔：北京城区最古老的建筑

1992年4月，文物部门在天宁寺塔塔顶上发现了一方石碑，碑上刻有："大辽燕京天王寺建舍利塔记皇叔、判留守诸路兵马都元帅府事、秦晋国王，天庆九年五月二十三日，奉旨起建天王寺砖塔一座，举高二百三尺，相计共一十个月了毕。"辽天庆九年就是1119年。

塔的起源

塔起源于古代印度的窣堵坡，是佛教高僧的埋骨建筑。最著名的窣堵坡是印度的桑契大佛塔，据说存放了佛陀释迦牟尼的骨灰（舍利）。该建筑像一个倒扣着的碗，又叫覆钵式，宽 37 米，高 17 米。

最早的窣堵坡：印度桑契大佛塔

汉代画像砖上的木制高楼

窣堵坡和中国建筑相融合

佛塔是供奉佛祖的神圣场所，而中国自古就有"登高接神"或"仙人居重楼"的传统。因此古人把印度佛塔和中国本土的木制高楼建筑相结合，原本的窣堵坡缩小为塔顶的塔刹，形成了中国早期的佛塔建筑，留传至今。

筑博士：你想一想，为什么天宁寺塔能成为北京城区最古老的建筑？

思思：这座塔是用砖建造的，不怕火烧也不容易腐烂，所以能保存那么久。

筑博士：说得对！这座塔虽然是用砖建造的，但看上去就像木结构，斗拱、梁柱的形式都很清晰。

思思：真是这样，为什么呢？

筑博士：早期的塔都是木结构，很容易因雷击失火，彻底毁掉。所以人们吸取教训，干脆用砖来建塔，既保留了木塔的优美造型，还能够防止火灾。天宁寺塔仿造木结构塔层层的外檐特色建造，因此这种形式的塔也叫密檐塔。

昌平山中的密檐塔

从唐朝起就有高僧在北京银山讲经说法，辽朝在此建有宝岩寺，金朝将其改建为大延圣寺，明朝重建，现存金代密檐式砖塔5座，元朝喇嘛塔2座。

开元寺双塔之一

仿木砖石塔

右图是福建泉州的开元寺双塔之一，最初是木结构，建于唐朝，后来两次毁于大火。终于在宋朝改为砖石建造，完全按照木塔的风格，保留至今，成为我国著名的古塔。

北京昌平银山塔林

万松老人塔

老城区的密檐塔

万松老人塔是北京老城区（一般指二环路以内）仅存的一座密檐式砖塔，始建于元朝。现存的塔为1927年重修，塔高16米，八角九级密檐式。内部是元朝塔结构遗存，精致而典雅。

筑博士：塔是我国受外来影响最大的一种建筑，比如从印度传来的金刚宝座塔。

思思：金刚这个词让我觉得雄壮有力，比如变形金刚，还有那个力大无穷的大猩猩金刚。

筑博士：说得对，金刚在佛教里是密宗的神坛，确实非常雄伟。上面分布一大四小共五个宝座样式的塔，就是金刚宝座塔。

思思：这五座塔代表什么呢？

筑博士：分别代表金刚界五佛，中间的为大日如来佛，东面为阿閦（chù）佛，南面为宝生佛，西面为阿弥陀佛，北面为不空成就佛。

印度式佛陀迦耶塔

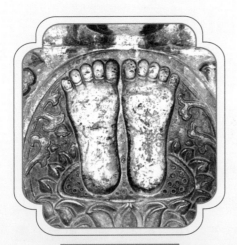

五塔寺内的石刻佛足

金刚宝座塔的起源

明朝时，一个印度僧人班迪达来到北京，献上金佛尊和印度式佛陀迦耶塔图样。永乐皇帝下旨按照所献图样建成金刚宝座塔，就是北京动物园北面的五塔寺，也叫正觉寺。

五塔寺的金刚宝座塔

最美的金刚宝座塔

五塔寺金刚宝座塔上的佛龛

金刚宝座塔全国现存约13座。其中比较著名的几座塔在北京的五塔寺、碧云寺和西黄寺，内蒙古呼和浩特的慈灯寺，云南昆明的妙湛寺和河北正定的广惠寺中，以北京五塔寺内的最为精美。

五塔寺金刚宝座塔的宝座为7.7米的高台，用砖和汉白玉砌筑，分六层，逐层收进。最下一层为须弥座，之上每层雕刻佛龛。顶上分列五座密檐石塔，象征佛教的五方佛。

中式密檐塔

藏式喇嘛塔

碧云寺金刚宝座塔

碧云寺

碧云寺始建于元朝，现存建筑是清朝乾隆年间按印度僧侣提供的图样建造的砖石结构金刚宝座塔，基座是汉白玉须弥座，五个塔身结合中国木制阁楼样式改成密檐塔形式，加上两个覆钵式喇嘛塔，混合了印度式金刚宝座塔、藏式喇嘛塔和中式密檐塔三种风格。中华民国大总统孙中山先生逝世后曾停灵于此，内设"孙中山先生衣冠冢"。

碧云寺金刚宝座塔
前的汉白玉石牌坊

左侧照壁

右侧照壁

忠孝人物照壁

碧 云寺金刚宝座塔前有一个汉白玉石牌坊，两侧各有八字形石雕照壁，雕刻了历史人物浮雕：左有蔺相如为节，李密为孝，诸葛亮为忠，陶渊明为廉；右有狄仁杰为孝，文天祥为忠，赵壁为廉，谢玄为节。把牌楼、中国传统忠孝人物照壁的中式建筑和来自西域的金刚宝座塔结合，说明中国文化的兼容并包。

筑博士：北京的塔还有第三种，像一个倒扣的碗坐在须弥座上，这是喜马拉雅山一带的藏传佛教建筑，叫覆钵式塔，前面讲到的碧云寺就混合了这种风格。

思思：覆钵？钵就是和尚化缘用的那个饭碗吧？

筑博士：是的。这种塔也经常是受人尊敬的高僧的墓塔，有的甚至珍藏着释迦牟尼的舍利子。

思思：覆钵塔也是用砖石建造的吧？

筑博士：砖石比较耐久，所以这种塔就没有木构建筑的痕迹，但在石刻装饰上采用了中国传统的风格。

藏传佛教喇嘛塔

在印度、尼泊尔和我国西藏地区，窣堵坡风格的佛塔进一步发展，基座为须弥座和多层台阶，也称金刚圈，塔身形如倒扣的钵，开有佛龛，称为眼光门。覆钵上部加上长长的脖子（也叫相轮）和伞盖及宝刹，就成了一种新的佛塔形式——藏传佛教喇嘛塔。

加德满都高班寺喇嘛塔

尼泊尔加德满都博大哈佛塔

西黄寺清净化城塔

西黄寺清净化城塔

1782年，为纪念班禅六世，乾隆皇帝下令建造了清净化城塔。该塔是金刚宝座塔，主塔风格是西藏喇嘛塔的样式，四个经幢式小塔、塔台前后的石牌坊、台阶栏杆的浮雕和装饰又是汉族建筑的传统手法。

妙应寺塔

妙应寺塔

妙应寺塔又称释迦舍利灵通之塔，因通体白色也叫白塔，由尼泊尔人阿尔尼格设计建造，塔中藏有释迦佛舍利，于1279年建成。

这是中国现存年代最早、规模最大的喇嘛塔。覆钵塔身上有13层相轮，寓意佛教13层境界。直径9.7米的华盖悬挂着36副铜质流苏和风铃，微风吹动，铃声悦耳。华盖上部是高约5米的镏金宝顶。乾隆皇帝曾在白塔寺内举行千叟宴。到清朝中后期，妙应寺逐渐演变为北京城的著名庙会场所之一，在北京民间形成了"八月八，走白塔"的习俗。

永安寺塔

永安寺塔

位于北京北海公园内的永安寺塔建于清朝顺治年间。塔高 35.9 米，上圆下方，富有变化，为须弥山座式，塔顶设有华盖、宝顶，装饰有日、月及火焰花纹，以表示佛法像日月那样光芒四射，永照大地。塔身用砖木石混合建造，是典型的藏传佛教覆钵式喇嘛塔。

筑博士：咱们总结一下，塔式建筑发源于南亚佛教地区，包括印度、尼泊尔等地的窣堵坡、喇嘛塔，汉朝的时候随着佛教的传播而进入中国。

思思：塔虽为外来，但都经过改造和中国建筑互相融合了。

筑博士：说得对！外来建筑融入了中国的艺术形式，包括木制楼阁、装饰等，发展成中国特有的塔式建筑。博采众长并与本土艺术相融合，一直是中国建筑的优秀传统。

思思：我知道了北京的塔有 3 种：密檐砖塔、金刚宝座塔和藏式喇嘛塔。

筑博士：对！其中五塔寺是全国现存金刚宝座塔中最华丽的；妙应寺白塔是国内现存最大、最早的藏式喇嘛塔；天宁寺塔是密檐砖塔，也是北京城区现存最古老的建筑。

中国古建筑密码

★ ★ ★

打卡
集章处

北京篇

中国古建筑密码

★ ★ ★

打卡
集章处

北京篇

中国古建筑密码

★ ★ ★

打卡
集章处

北京篇

图书在版编目（CIP）数据

中国古建筑密码. 北京篇 / 王欣著. — 北京 ：北京出版社，2023.7

ISBN 978-7-200-18040-4

Ⅰ. ①中… Ⅱ. ①王… Ⅲ. ① 古建筑—北京—少儿读物 Ⅳ. ① TU-092.2

中国国家版本馆 CIP 数据核字 (2023) 第 116986 号

策　　划　朱月琦
责任编辑　牟　苗
责任印制　武绽蕾　白　兰
装帧设计　青研工作室

中国古建筑密码　北京篇
ZHONGGUO GUJIANZHU MIMA　BEIJING PIAN

王　欣　著

出　　版　北京出版集团
　　　　　北京出版社
地　　址　北京北三环中路 6 号
邮　　编　100120
网　　址　www.bph.com.cn
总 发 行　北京出版集团
经　　销　新华书店
印　　刷　河北宝昌佳彩印刷有限公司
版印次　2023 年 7 月第 1 版　2023 年 7 月第 1 次印刷
开　　本　889 毫米 ×1194 毫米　1/16
印　　张　9.25
字　　数　120 千字
书　　号　ISBN 978-7-200-18040-4
定　　价　58.00 元